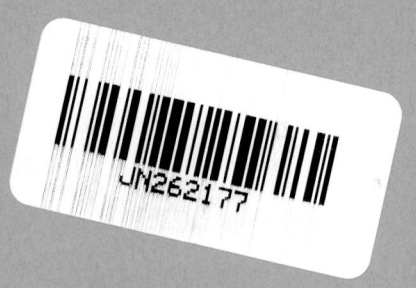

かながわの自然図鑑③

哺乳類

MAMMALS

神奈川県立生命の星・地球博物館編
Kanagawa Prefectural Museum of Natural History

有隣堂

あいさつ
Foreword

今日ほど野生動物に対する関心が高まっている時代はないかもしれない。なかでも哺乳類への関心は、ひと昔前とは比較にならないほど大きなものとなっている。イヌやネコを好きな人の数はたいへんなものだし、動物園には世界各地から珍しい動物が集められている。また、居ながらにしてさまざまな哺乳類の生態や行動の映像を見ることができる時代でもある。だが、野生の哺乳類となると、実際に接するのは容易ではない。また、長年にわたる迫害を受けて、けものたちの多くが低地の平野部や丘陵地から山地帯に生息場所を後退させている。人前にあまり姿を見せないようになってしまったのである。けれども、いつかどこかで彼らに出会うかもしれない。そう願う人たちにとって、また、野生生物の保護のために何かをしたい、そのために哺乳類についてもっと知りたいと思う人にとって、本書が少しでもお役に立てば幸いである。

神奈川県立生命の星・地球博物館館長
青木淳一

はじめに
Preface

神奈川県には、陸生哺乳類が絶滅種も含めて16科41種、海生哺乳類が8科25種、移入種が5科10種記録されている。本書はそれらを図鑑形式で紹介しているが、単にそれだけでなく、神奈川県の哺乳類の置かれた現状にもスポットを当て、また哺乳類の野外観察入門の項目を加えて、フィールド図鑑としても利用できるように編集した。さらに、東アジアおよび日本本土域の哺乳類相と比較して、神奈川の哺乳類相の特徴についても解説した。こうした要素を含めながら、神奈川県産の哺乳類を網羅した本は、これが初めてのものである。西部地域の自然系博物館やビジターセンターの学芸員、研究員らによって得られた数々の貴重な情報に、神奈川県立博物館によって実施されてきた長年の調査研究の成果を加えて作成したものである。今日ほど、私たち郷土の生物の多様性の理解と保全に取り組むことが必要な時はない。本書を利用することで、神奈川県の哺乳類相の多様な世界と彼らの現状に目を向け、一人でも多くの方が哺乳類に興味を持って下されば望外の喜びである。

ニホンリス

●目次

カワネズミ

オヒキコウモリ

キクガシラコウモリ

カヤネズミ

タヌキ

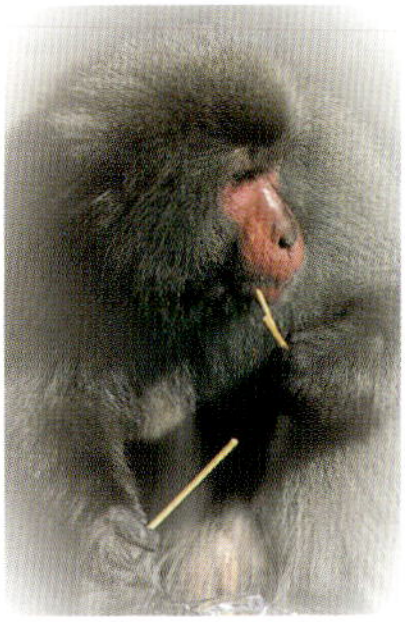

ニホンザル

イタチ

●本書を利用するにあたって

◆学名と分類

本書には神奈川県産哺乳類８目29科76種が登場する。各種ごとに和名・科名・学名(イタリック)･英名をあげ、形態・分布・生態の順に平易に特徴を記載した。食肉目鰭脚亜目《ききゃくあもく》の一部とクジラ目の全種についてはリストのみとした。形態については頭胴長・尾長・体重などを記載した。学名と和名については主として阿部永著『日本産哺乳類頭骨図説』、クジラ目については日本哺乳類学会編『レッドデータ日本の哺乳類』に準じた。英名については、主としてウィルソンとコール(2000)に準じた。また、写真については、キャプションのあとに撮影場所、撮影者名をカッコで入れた。

◆神奈川RD度と環境省RDB

神奈川県が平成７年(1995)に発行した『神奈川県レッドデータ生物調査報告書』に基づき、人為の影響による生物種の盛衰の度合を示すランクをレッドデータ度（以下、神奈川RD度と略記)として記した。この調査では、移入種を除くすべての陸生種と海生種(スナメリとアシカの２種）が対象とされた。今回、見落とされていたコウベモグラ、評価の対象とされていなかったオコジョ、新記録のチチブコウモリについても新たなランク付けを行なった。また、環境省では1994年にICUN(国際自然保護連盟)が採択した新しいカテゴリーに基づくレッド・リスト（レッドデータブックに掲げるべき日本の生物の種のリスト）の見直しが行なわれ、その結果が『改訂　日本の絶滅のおそれのある野生生物―レッドデータブックⅠ　哺乳類』として公表された。神奈川県産種がその対象種になっているものについては、環境省による評価（環境省RDB）を併記した。

【神奈川RD度】

●絶滅種：かつて神奈川県に分布していたが、現在は県内から生息の確認ができなくなっているもの。もしくは諸々の根拠から絶滅がほぼ確実と考えられるもの。

●絶滅危惧種：神奈川県に分布しているが、過去と比較すると分布域が狭まり、このままでは県内での生息が危ぶまれるもの。

●減少種：過去と比較すると分布域が顕著に狭まってきているが、当面は将来にわたって神奈川県内での生息が続くと判断されるもの。減少種として評価された種のうち、分布が希薄でかつ個体数の少ないと考えられるものを希少種に位置づけている。

●健在種：神奈川県の分布域が過去と現在とでそれほど違いがないもの。もしくは、むしろ現在の方が分布を拡大していると考えられるもの。

【環境省RDB】

●絶滅：わが国ではすでに絶滅したと考えられる種

●野生絶滅：飼育・栽培下で存続している種

●絶滅危惧：絶滅のおそれのある種

　○絶滅危惧ⅠＡ類：ごく近い将来における絶滅の危険性が極めて高い種

　○絶滅危惧ⅠＢ類：ⅠＡ類ほどではないが、近い将来における絶滅の危険性の高い種

●絶滅危惧Ⅱ類：絶滅の危険が増大している種

●準絶滅危惧種：現時点では絶滅危険度は小さいが、生息条件の変化によっては「絶滅危惧」に移行する可能性のある種

●情報不足

◆◆食虫目《しょくちゅうもく》（モグラ目）◆◆

INSECTIVORA

カワネズミ　トガリネズミ科

Chimarrogale platycephala　Flat-headed water shrew

水中での行動はすばやく、魚を追跡して捕らえる（山梨県都留市、北垣憲仁）

形態：頭胴長12.5cm前後、尾長10cm前後、体重40g前後。

分布：本州、四国、九州に分布する日本固有種。神奈川県では箱根山地と丹沢山地に分布する。

生態：山地の渓流や源流に生息し、箱根では標高700m、丹沢では標高1000m付近にも出現する。水中に潜り、ヤマメやイワナ、カジカガエルやタゴガエル、ハコネサンショウウオ、サワガニ、水生昆虫を捕食する。陸上では、川岸の石の間で活動する。

神奈川RD度：減少種。護岸工事や砂防堰堤、水質汚濁の影響を受けやすい。

密生した下毛は保温に役立ち、指の両側には水かき代わりの剛毛が生えている。目は良くない（山梨県都留市、中川雄三）

ジネズミ　トガリネズミ科

Crocidura dsinezumi　Dsinezumi shrew

ネズミとは、吻〈フン〉が長いことで区別できる（山北町、山口喜盛）

鼻の先がＶ字状に広がることや、尾の基部近くに長毛が生えることでトガリネズミとは区別できる（大井町、石原龍雄）

形態：頭胴長7cm前後、尾長5cm前後、体重９g前後。

分布：北海道、本州、四国、九州に分布し、神奈川県では平地から山地まで広く生息する。

生態：森林から低木林、農耕地、河畔などに生息する。主に地表で活動し、小型の昆虫やクモ、ミミズなどを捕食する。目はあまり良くなく、「チッチッ…」と鳴きながら建物に迷い込むこともある。他の食虫類と同様、体から不快な臭いを出すせいか、肉食獣が捕殺しても、食べられずに放置されることが多い。食虫類の死体を目にすることが多いのはこのためである。

神奈川RD度：個体数は少なくない。健在種と考えられる。

ヒメヒミズ モグラ科

Dymecodon pilirostris True's shrew mole

地中の浅い部分にトンネルを掘って生活する（山梨県河口湖町、中川雄三）

形態：頭胴長7.5cm前後、尾長3.5cm前後、体重11.5g前後。ヒミズにくらべると尾が長く、尾率（頭胴長に対する尾の長さの割合）は43〜60%。

分布：本州、四国、九州の山地に分布する日本固有種。神奈川県では丹沢山地の高地に記録がある。

生態：近似種であるヒミズとは競合する関係にあるとされ、ヒミズが生息しにくい高地や土壌が少ない富士山麓の溶岩地帯に生息している。地表でも活動し、昆虫やミミズ、クモなどを捕食する。丹沢山地で行なわれた最近の調査では、山頂付近でもヒミズは採集されたが、ヒメヒミズは採集されていない。

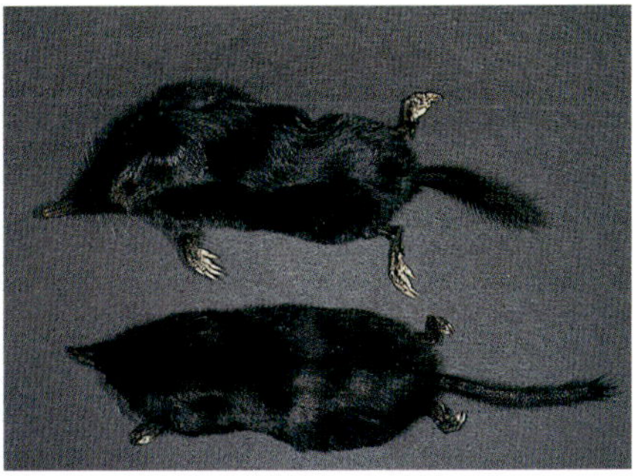

ヒミズ（上）とヒメヒミズ（下）のへい死体（北垣憲仁）

神奈川RD度：希少種

ヒミズ　モグラ科

Urotrichus talpoides　Japanese shrew mole

長い吻〈フン〉、足の鱗、こん棒状の尾がヒミズの特徴（箱根町、石原龍雄）

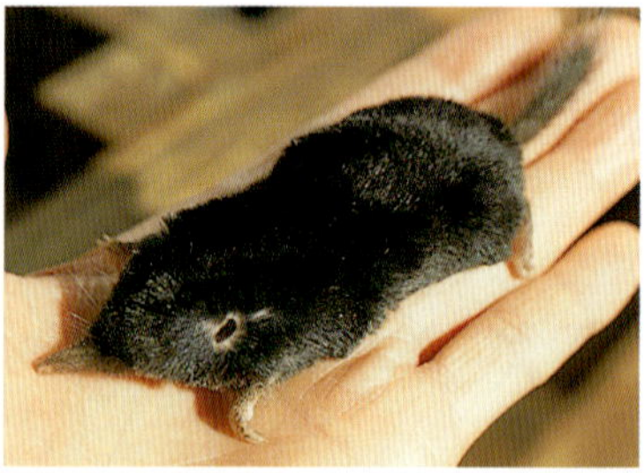

耳介はなく、緑色がかった光沢を持つ黒い毛におおわれる（石原龍雄）

形態：頭胴長9.5cm前後、尾長3cm前後、体重20g前後。尾率（頭胴長に対する尾の長さの割合）は約37%。

分布：本州、四国、九州に分布する日本固有種。神奈川県では低地から山地まで広く分布する。

生態：小型のモグラで、森林や低木林、草原の腐植層に坑道を掘って生活している。昆虫やミミズなどの土壌動物を捕食しているが、種子も食べる。ときどき地表にも現われ、ネコなどの外敵に捕殺された死体をよく目にする。

神奈川RD度：個体数は少なくない。健在種と考えられる。

アズマモグラ モグラ科

Mogera imaizumii Small Japanese mole

密生した短毛は、土で汚れるのを防ぐ
（山梨県富士吉田市、中川雄三）

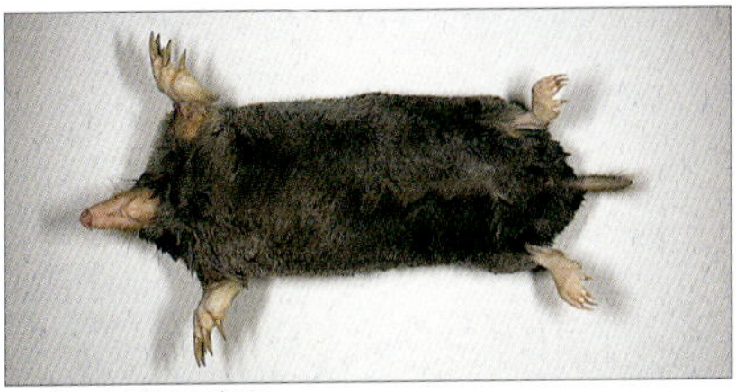

アズマモグラの腹面

形態：山地に生息する小型個体群と平野部の大型個体群との差が著しい。頭胴長14.5cm前後、尾長1.8cm前後、体重88g前後。箱根山地では体重43〜65gと小型で、コモグラという亜種として扱われたこともあった。前足の第１指の外側に骨があり、手のひらの面積を広くしている。後足は、第１指の外に骨に支えられた突起があり、６本指に見える。

分布：本州中部以北のほか、孤立個体群が紀伊半島や広島県、四国などの山地に分布する。日本固有種。神奈川県では平野部から丘陵地、山地まで広く分布する。

生態：地中生活に高度に適応し、森林から、草原、農耕地まで広く生息している。ミミズや昆虫など土壌動物を捕食する。

神奈川RD度：生息範囲は広く、健在種と考えられる。

コウベモグラ　モグラ科

Mogera wogura　Large Japanese mole

大きな前足を回転させながら土を掘る（石川県松任市、中川雄三）

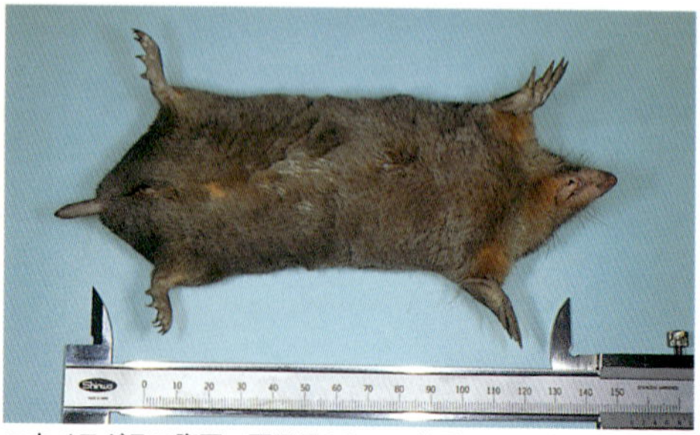

コウベモグラの腹面。頭胴長16cm、体重151g。仙石原最大の個体（箱根町、石原龍雄）

形態：分布の北端の大型個体群と九州南部の小型個体群の大きさは体重で２倍の差がある。頭胴長15.5cm前後、尾長2.1cm前後、体重104g前後。

分布：本州中部以南に分布する。神奈川県では箱根町仙石原だけに分布する。

生態：アズマモグラと同様であるが、北端にあたる地域では平坦で土壌の深い場所を好む。仙石原でも、仙石原湿原など平坦な場所に生息し、アズマモグラと混生している場所もあった。

神奈川RD度：分布が限られ、分布の拡大も見られないことから希少種と考えられる。

COLUMN
モグラ塚

公園の芝生などで目にするモグラ塚は、モグラがトンネルを掘って余った土を地表に捨てたものである。よく見ると、表土とは色の違う深い場所の土が掘り出されていることも多い。点在する塚のまとまりが、およそ1頭のモグラの縄ばりとなる。塚の土を1年間量れば、1頭のモグラが年間に運び出す土の量がわかるはずである。

土壌の耕耘で有名なミミズは、消化管に取り込んだ土を排泄する。地表に持ち出される土は、当然、細かい粒子となる。ところが、力持ちのモグラが地表へ押し出した土には、小石も混じっている。

ところで、モグラ塚は、自然度の高い森の中ではあまり見られない。森の中の土はふかふかと柔らかく、モグラは掘った土をトンネルの壁に押し固めてしまうらしい。塚があるのは踏み固められた場所で、モグラは固く締まった土を耕しているのである。

森は緑のダムと称される。厚い腐葉土がスポンジのように雨水を蓄えている。しかし、地下深くへは浸透しにくく、モグラの坑道や木の根が腐ってできた穴を伝って浸透するといわれている。森の巨木に畏敬の念を抱いても、それを支える土壌動物の頂点にたつモグラを評価する人が少ないのは残念である。（石原龍雄）

モグラ塚（箱根仙石原のススキ草原、石原龍雄）

翼《よく》手《しゅ》目《もく》(コウモリ目)

CHIROPTERA

キクガシラコウモリ

キクガシラコウモリ科

Rhinolophus ferrumequinum　Greater horseshoe bat

飛翔する（山梨県富士吉田市、中川雄三）

人工洞の天井から垂下する（静岡県松崎町、石原龍雄）

形態：前腕長6.1cm前後、頭胴長7.3cm前後、尾長3.7cm前後、体重27g前後。

分布：日本列島に分布する。神奈川県では箱根、丹沢、三浦半島に記録があるが、現在の分布は不明である。

生態：洞窟に生息し、夜間に河川や森林で昆虫を捕食する。森林内の下層で採餌する。

神奈川RD度：減少種。三浦半島では、石切場の人工洞に普通に生息していたようであるが、現在では開発によってほとんどの場所から姿を消したようである。

花弁状の鼻は超音波の発射に関係している（山梨県富士吉田市、中川雄三）

コキクガシラコウモリ　キクガシラコウモリ科

Rhinolophus cornutus　Little Japanese horseshoe bat

人工洞の天井から垂下する（静岡県松崎町、石原龍雄）

下唇は４つに分かれる。キクガシラコウモリは２つに分かれる（箱根町、石原龍雄）

形態：前腕長4cm前後、頭胴長4.3cm前後、尾長２cm前後、体重6.8g前後。キクガシラコウモリに似ているが、はるかに小さい。

分布：日本列島に分布する日本固有種。神奈川県では箱根山地と丹沢に生息している。

生態：洞窟に生息し、夜間に森林や水辺で昆虫を捕食する。広短型の翼を持ち、森林内の下層を飛翔する。時に地面すれすれに飛ぶ。

神奈川RD度：減少種。かつては鎌倉市の石切場の人工洞に多数生息していたが、現在は開発によって姿を消している。

モモジロコウモリ　ヒナコウモリ科

Myotis macrodactylus　Big-footed myotis

箱根用水内には、春の調査で1000頭近く生息しているのが見られた（箱根町、石原龍雄）

口を開くと表情が変わる（石原龍雄）

形態：前腕長3.8cm前後、頭胴長5.4cm前後、尾長3.8cm前後、体重8.3g前後。翼の形は狭長と広短の中間。

分布：日本列島に分布する。神奈川県では箱根や丹沢、三浦半島に分布する。

生態：河川や湖、池など水辺で活動し、水面近くを飛翔する。1年中水がある洞窟で越冬・繁殖するが、夏には源流の橋桁や暗渠から少数の群れが発見される。

神奈川RD度：減少種とされているが、箱根では普通に見られる。

川面を飛翔する（箱根町、中川雄三）

コウモリの足は180度ねじれていて、
かかとが前に向く。ぶら下がるのに
都合が良い（石原龍雄）

アブラコウモリ　ヒナコウモリ科

Pipistrellus abramus　House pipistrelle

あどけない表情が残る幼獣（山北町、山口喜盛）

形態：前腕長3.4cm前後、頭胴長5cm前後、体重8g前後。体毛は黒褐色または灰褐色。

分布：本州以南に生息する。神奈川県では市街地や河原、水田の周辺などにふつうに生息する。山間部や民家のないところでは見られない。相模川や多摩川流域では、夕方になるとねぐらから出て採餌場所に向かう姿がよく見られ、個体数が多い。

生態：昼間は家屋や学校など建築物の隙間に潜む。暗くなると水辺や外灯の周りなどを飛び回り、蚊や蛾などを捕食する。家にすみつくことからイエコウモリともいわれる。11月中頃から冬眠に入り、3月の末頃から活動を始める。冬眠中でも飛翔が見られることもある。交尾は秋に行なわれ、翌年の6～7月頃、2～3頭出産する。生まれた子どもは、1か月ほどで親と同じくらいの大きさに成長し、飛べるようになる。

神奈川RD度：健在種

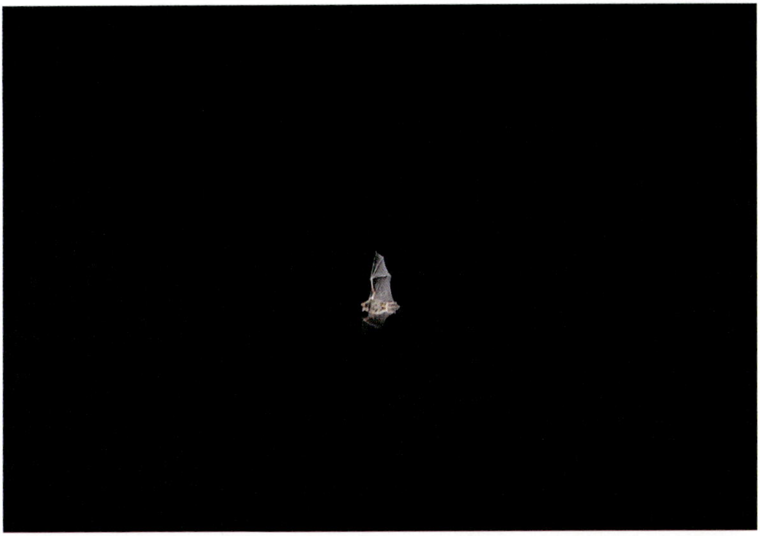

闇の中を人の耳には聞こえない超音波を発しながら飛び回る（山口喜盛）

アブラコウモリの採餌場所（山北町、山口喜盛）

出入り口の下に落ちているフン（厚木市、山口喜盛）

フンの中には、消化できなかった昆虫の羽や脚の一部が入っている（厚木市、山口喜盛）

昼間は建物の隙間などに潜む（山北町、山口喜盛）

モリアブラコウモリ　ヒナコウモリ科

Pipistrellus endoi　Endo's pipistrelle

アブラコウモリよりも体色は濃いがよく似ている（東京都あきる野市、中川雄三）

形態：前腕長3.3cm前後、頭胴長4.8cm前後、体重7g前後。アブラコウモリによく似ているが、体毛は赤褐色または黄褐色。
分布：日本固有種。本州、四国で記録があるが、確認されている地域は少ない。神奈川県では、箱根で一度記録されているだけだが、丹沢でもそれらしい個体が確認されているので、今後、見つかる可能性がある。

モリアブラコウモリと思われるコウモリの飛翔（清川村、山口喜盛）

生態：森林性で樹洞を昼間のねぐらにしているようだが、詳しい生態は知られていない。開けた場所で昆虫を捕食する。
神奈川RD度：希少種
環境省RDB：絶滅危惧ＩＢ類

チチブコウモリ ヒナコウモリ科

Barbastella leucomelas Eastern barbastrelle

特徴のある顔をしている（山北町、山口喜盛）

大きな耳をもっている（山北町、山口喜盛）

形態：前腕長4.2cm前後、頭胴長5.7cm前後、体重10g前後。体色は黒褐色。耳は比較的大きく、三角形で、左右の内側基部はほぼ接している。

分布：日本では確認例が少ない。とくに北海道以外ではきわめて少なく、これまで十数頭が見つかっているだけ。神奈川県では2001年11月に西丹沢で初めて見つかった。

生態：昼間は樹洞などをねぐらにするといわれているが、洞穴で見つかることもある。西丹沢では手掘りのずい道内で発見された。

神奈川RD度：希少種と考えられる。

環境省RDB：絶滅危惧II類

ヤマコウモリ　ヒナコウモリ科

Nyctalus aviator　Birdlike noctule

飛翔するヤマコウモリ（山梨県富士吉田市、中川雄三）

形態：前腕長6cm前後、頭胴長10cm前後、体重45ｇ前後。国内に生息する食虫性コウモリの中で最大。翼は細長く、体毛は茶色で光沢がある。
分布：北海道から九州にかけて生息するが、西日本では記録が少ない。神奈川県では、過去に川崎市(ケヤキの樹洞)と小田原市(民家内)で越冬群が見つかり、南足柄市で死体が拾得されているが、現在、集団ねぐら(ケヤキの樹洞)が確認されているのは、相模原市と松田町のみである。
生態：主に集団で大木の樹洞を昼間のねぐらにする。ねぐらの周辺では、夕方になると樹洞内から鳴き声が聞こえることもある。日が暮れると次々と飛び出し、高い空を速い速度で飛翔する。広い河川の上空などで、飛翔している昆虫を捕食する。かつては平地でも洞のできる大木があればふつうに生息していたようであるが、伐採とともに個体数を減らしていると思われる。交尾は秋に行なわれ、初夏に樹洞内で2頭出産する。晩秋、樹洞内で冬眠に入る。
神奈川RD度：減少種
環境省RDB：絶滅危惧Ⅱ類

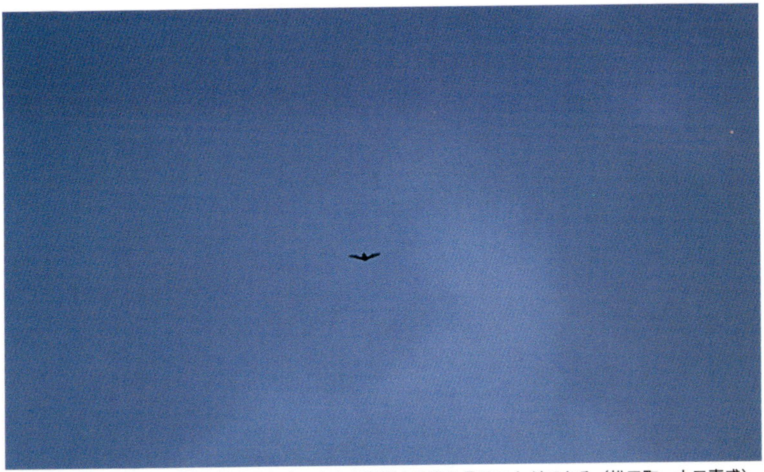

夕方まだ明るい頃から活動を始めるため、上空を飛翔する姿を見ることができる（松田町、山口喜盛）

樹洞から飛び出したヤマコウモリ（松田町、山口喜盛）

樹洞から出てきたヤマコウモリ。口をあけて超音波を発している（山梨県富士吉田市、中川雄三）

平地では神社にある大木がねぐらとして利用されている（松田町、山口喜盛）

ヒナコウモリ　ヒナコウモリ科

Vespertilio superans　Asian particolored bat

霜降り模様の毛並みをしている冬毛のヒナコウモリ（山北町、山口喜盛）

形態：前腕長5cm前後、頭胴長7.5cm前後、体重は冬眠前20g前後、冬眠後12g前後。耳は大きめで先は丸い。冬毛は黒褐色に白い刺し毛が混じるが、夏は薄茶色に変わる。翼は細長い。

分布：北海道から九州にかけて確認されているが、繁殖地や越冬地はあまり見つかっていない。東北地方や北海道南部では建物内や橋桁のすきまなどで集団繁殖しているのが見つかっているが、それらの冬眠場所はよくわかっていない。神奈川県では秋から春にかけて丹沢と箱根で記録されているが、確認例は少ない。

生態：建物や樹洞を昼間のねぐらや繁殖場に利用する。夏の繁殖場所と越冬場所は異なる。初夏にメスは繁殖コロニーをつくり、ふつうは2頭出産する。最近、山北町の丹沢湖畔で越冬集団が確認されたが、春になるといなくなるため、その後の行動や繁殖については不明である。山北町では3月半ば頃から活動が始まり、川沿いや林縁を飛翔しながら昆虫類を捕食している。

神奈川RD度：減少種

環境省RDB：絶滅危惧Ⅱ類

冬眠場所である瓦の下から飛び出したヒナコウモリ。４月になると活発になるが、寒い日や小雨の日は出てこない（山北町、山口喜盛）

上空高いところを飛び採餌する（山北町、山口喜盛）

狭長型の翼は開けたところを飛ぶのに適している（山北町、山口喜盛）

カギ爪は細くとがっている（山北町、山口喜盛）

ユビナガコウモリ　ヒナコウモリ科

Miniopterus fuliginosus　Schreibers's long-fingered bat

モモジロコウモリの中に混じるユビナガコウモリ。耳の丸いのがユビナガコウモリ（箱根町、石原龍雄）

ユビナガコウモリの顔(千葉県富津市、中川雄三)

形態：前腕長4.8cm前後、頭胴長6.3cm前後、尾長5.3cm前後、体重13g前後。

分布：本州、四国、九州に分布する。神奈川県では箱根と丹沢に分布するが、多くはない。かつて、三浦半島には多数生息していたようであるが、現在は消滅している。

生態：洞窟に生息し、巨大なコロニーをつくることがあるが、現在の神奈川県では、モモジロコウモリのコロニーに混じって少数発見される程度である。狭長型の翼を持ち、河川や池の上、林縁など開けた場所を飛翔する。

神奈川RD度：減少種

人工洞の天井にとまる（静岡県松崎町、石原龍雄）

ウサギコウモリ ヒナコウモリ科

Plecotus auritus Brown big-eared bat

森林の下層を飛翔する（静岡県小山町、中川雄三）

形態：前腕長4cm前後、頭胴長5cm前後、体重10g前後。耳が大きくて長いため、他の種類と間違えることはないが、休息中は耳をたたんでいるので別の種類のように見える。洞窟のほか、山小屋から発見されることもある。
分布：北海道、本州、四国に分布する。神奈川県に分布するとの記述があるが(『神奈川県史　各論編 4 自然』)、確実な記録は見当たらない。富士山では珍しくないので、今後、丹沢山地から発見される可能性がある。
環境省RDB：絶滅危惧Ⅱ類

テングコウモリ　ヒナコウモリ科

Murina leucogaster　Greater tube-nosed bat

管状の突き出た鼻をもっている
（山北町、山口喜盛）

腿間膜にも毛がはえている（山北町、山口喜盛）

形態：前腕長4.3cm前後、頭胴長6.5cm前後、体重12g前後。体毛は灰褐色で先端に銀色の金属光沢のある刺し毛が混じる。腿間膜の上面もふさふさとした毛でおおわれている。鼻孔は管状で、名のとおり突き出ている。翼は丸みをおび、林内を飛翔するのに適している。

分布：国内では北海道から九州にかけて広く確認されているが、記録は少ない。神奈川県では丹沢山地と箱根で数例の記録しかない。

生態：単独でいることが多く、樹洞や樹冠を昼間の休息場にしているが、洞穴で見つかることもある。森林内の低いところや葉の繁み周辺などで昆虫類を採餌しているらしい。

神奈川RD度：希少種

環境省RDB：絶滅危惧Ⅱ類

コテングコウモリ ヒナコウモリ科

Murina ussuriensis Ussuri tube-nosed bat

テングコウモリによく似ているが、
ずっと小さい（山北町、山口喜盛）

翼の幅が広い（山北町、山口喜盛）

形態：前腕長3.1cm前後、頭胴長4.8cm前後、体重5g前後。体毛は薄茶色で、腿間膜の上面もふさふさとした毛でおおわれている。鼻孔は管状で、名のとおり突き出ている。翼は丸みをおび、林内を飛翔するのに適している。耳は卵形で耳珠は細長い。テングコウモリによく似ているが、ずっと小さい。

分布：国内では北海道から九州にかけて確認されているが少なく、西日本では特に少ない。神奈川県では丹沢山地で２例、箱根で1例の記録しかない。

生態：昼間は樹洞、洞穴、落ち葉の中、枯れ葉の中、木の繁みなどで休息している。単独で確認されることが多い。

神奈川RD度：希少種

環境省RDB：絶滅危惧Ⅱ類

オヒキコウモリ　オヒキコウモリ科

Tadarida insignis　Oriental free-tailed bat

高速飛翔に適した細長い翼（南足柄市、一寸木肇）

路傍で小学生に拾われた死体（一寸木肇）

形態：前腕長6cm前後、頭胴長9cm前後、体重35g前後。耳と目は大きく、左右の耳はつながっている。尾はネズミのように長く、腿間膜から突出している。翼は細長く、高速飛翔に適している。体毛は黒褐色。国内に生息する食虫性コウモリの中では大きい方。

分布：国内では偶然の採集記録が十数例あるだけで、日本には定住していないと考えられていたが、1996年に宮崎県の枇榔島の岩壁で小群が確認され、その後、広島県のコンクリート校舎の

昼間の休息場である岩の隙間に潜む（山梨県河口湖町、中川雄三）

隙間に潜む大集団が確認された。神奈川県では小田原市の市街地で捕獲されたことがあり(1977年2月)、南足柄市で死体の拾得例がある(1984年1月)。県内に定住しているかどうかは不明。

生態：夜間飛翔中に、「チッ、チッ」と人の耳に聞こえる声を発する。開けたところを速い速度で飛び、飛翔昆虫を捕らえる。詳しい生態は知られていない。

神奈川RD度：希少種

環境省RDB：情報不足

他のコウモリにくらべて耳と目が大きく、上くちびるが厚い（中川雄三）

COLUMN
音でものを見る

コウモリは、口や鼻から出す超音波が物に当たってはね返ってくる音を聞くことによって、周りの様子を知ることができるため（エコーロケーション）、真っ暗な森の中でも自由に飛び回り、餌を捕ることができる。したがって、飛翔中のコウモリは絶えず音を発しているが、ほとんどの種が人の聞こえる音の範囲（可聴音）よりも高い音（超音波）を出しているため、我々の耳では聞くことができない。ところが、バットディテクターという道具を使うとコウモリの声を人の可聴音に変換することができる。周波数やリズムが異なる種もあるので、識別の手がかりになり、識別が不可能であっても、この音によって闇夜を飛ぶコウモリの存在を知ることができる。人が聞くことのできる音の範囲は、40Hzから20kHzくらいといわれている。周辺の環境や天気、コウモリの行動や距離などで周波数や音は変化し、聞こえ方には個人差がある。

バットディテクター(MINI-3ウルトラサウンド社)**による参考データ(エコーロケーション)**

	〈周波数の範囲〉	〈聞こえ方〉	〈主な採餌環境〉
キクガシラコウモリ	65～70kHz	ピピピポパポポ・・・	林内
コキクガシラコウモリ	105～115kHz	ピピピポパポポ・・・	林内
アブラコウモリ	30～50kHz	チュチュチュチュ・・	川や家の周辺
モリアブラコウモリ	30～50kHz	チュチュチュチュ・・	森林の開けた所
モモジロコウモリ	40～70kHz	プツプツプツ・・・	川や湖の水面
ユビナガコウモリ	40～70kHz	プツプツプツ・・・	樹冠上、高空
テングコウモリ	60～120kHz	プツプツプツ・・・	林内
ヒナコウモリ	20～40kHz	ピッ　ピュッ	樹冠上、高空
ヤマコウモリ	15～30kHz	ピッ　ピュッ	高空、開けた土地

キクガシラコウモリとコキクガシラコウモリは他のコウモリとは全く異なった聞こえ方で、さらに、両種は周波数の範囲が重ならないので比較的容易に識別できるが、他のコウモリは聞こえ方がほぼ同じであったり、周波数の範囲が重なったりしているので正確に区別することはできない。しかし、種によって主要な採餌空間を分けているので、観察した場所である程度は絞り込むことができる。

（山口喜盛）

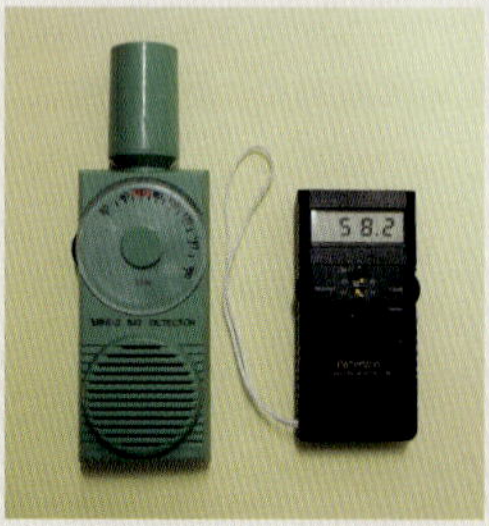

バットディテクター

COLUMN

空を飛ぶ哺乳類

コウモリ類は哺乳類の中で唯一、鳥のように翼を使って自力飛行ができる。前足の長く伸びた指の間から後足、さらに尾へとつながる皮膜は複雑な飛び方を可能にし、その巧みな飛翔技術は鳥以上といわれている。翼の形は、幅が広く短いタイプのものから細長いタイプまでいて、前者は林の中を飛び回るのに都合がよく、後者は開けた空間や高い空を速い速度で飛ぶのに適している。大きさは、体重5g前後、翼を広げると20cmほどのコキクガシラコウモリから、45g前後、40cmを超えるヤマコウモリまでいるが、10g以下の種が多い。コウモリ類は、このような翼の形や体の大きさなどによって採餌空間を違え、うまく棲み分けて生活している。（山口喜盛）

ヤマコウモリ

オヒキコウモリ

コキクガシラコウモリ

ヒナコウモリ

モモジロコウモリ

◆◆霊長目《れいちょうもく》（サル目）◆◆

PRIMATES

ニホンザル　オナガザル科

Macaca fuscata　Japanese macaque

木の上で休む（清川村、山口喜盛）

形態：体毛は灰褐色から茶褐色で顔と尻が赤く、尾は他のマカカ属にくらべ極端に短い。尻ダコがある。頭胴長はオス57cm前後、メス53cm前後。体重はオス13.5kg前後、メス10kg前後。

分布：北海道を除く日本列島に分布する日本固有種。神奈川県では藤野町・津久井町と、丹沢山地、西湘地区に分布している。

生態：落葉・常緑広葉樹林を主な生息地とし、食物には果実、葉、茎、根などのほか、昆虫、貝類なども含まれる。寿命は20～25年程度。メスは3～4歳で発情し、ほぼ1年おきに出産する。秋から冬の3か月が交尾期。オスの成熟年齢は10歳前後。

神奈川RD度：健在種だが、生息数が少ない。

イネ科の葉を食べるメスと子ども（小田原市、頭本昭夫）

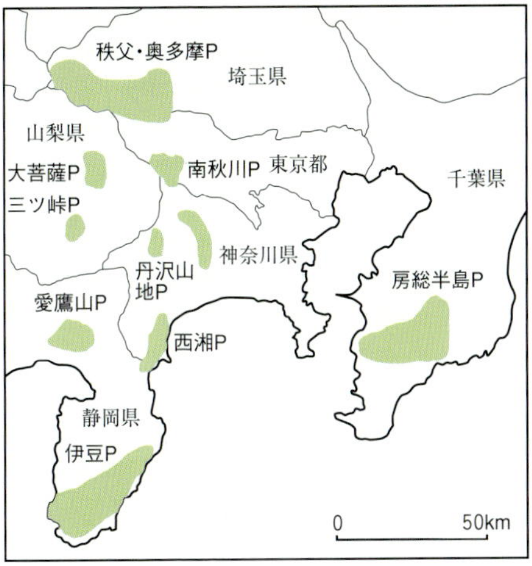

神奈川県とその周辺における
ニホンザルの分布。
Pは地域個体群を示す（南関東ニホンザル調査・連絡会、1995から）

ニホンザルは日本全国に数万頭生息しているが、ニホンザルによる被害は全国的に深刻化していることから、1994年以降は、年間5000頭以上が捕獲・駆除されている。神奈川県では、藤野町・津久井町に分布する南秋川個体群、丹沢山地個体群（愛川町、厚木市、伊勢原市、秦野市、山北町など）、西湘個体群（南足柄市、小田原市、箱根町、真鶴町、湯河原町）の3つがある。全体で約20群、900頭が生息する。

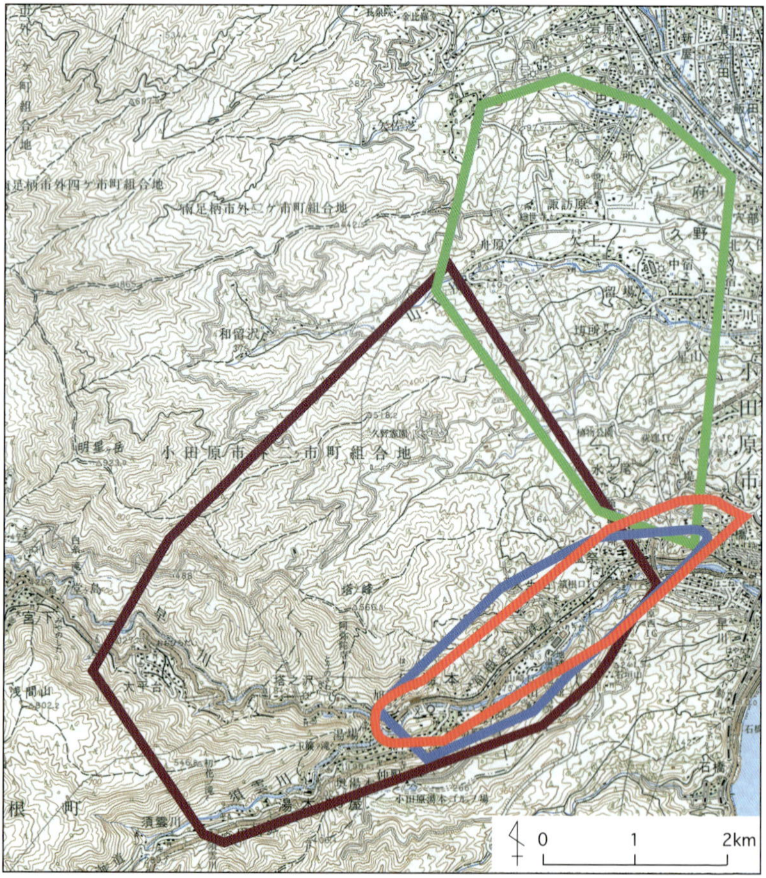

西湘個体群S群の移動範囲の季節変化
（5万分1地形図「小田原」を使用）

- 秋季の利用地域（1990.10.11～10.20）
- 冬季の利用地域（1991.1.23～1.30）
- 春季の利用地域（1991.4.19～4.26）
- 夏季の利用地域（1991.8.17～8.24）

ニホンザルは食べ物を探しながら、1日中森の中を移動する。1年を通じての遊動域の大きさは0.25～2km^{2}である。移動距離は1日数キロメートル程度だが、季節によって遊動の範囲や速度は大きく変わる。西湘個体群のS群では、夏および秋は南北に大きく移動するが、冬から春にかけては、遊動の範囲がせばまっている。

西湘個体群Ｓ群の第1位オス、ダイスケ
（小田原市、頭本昭夫）

◆群れのなりたちについて◆

ニホンザルは複数のオスと複数のメスからなる数十頭の群れをつくる。メスは一生を生まれた群れで過ごすが、オスは4～5歳になると生まれた群れを出て、ハナレザルになったり、他の群れに加入したりする。群れのまとまりの中心はメスとその子どもたちから成る血縁集団で、オトナオスは外から加入し、数年～10年で姿を消すことが多い。

群れの中心となるメス・子どもの集団（小田原市、頭本昭夫）

シイの実を食べるメス（小田原市、頭本昭夫）

畑に出てダイコンを食べるオス（清川村、山口喜盛）

◆人とのかかわり－猿害について－◆

全国各地で、ニホンザルによる被害は深刻化しているが、神奈川県も例外ではない。年間100ha、2000万円もの被害がサルによってもたらされ、漸増の傾向にある。現在、県全域の保護管理計画が立案され、実行に移される動きがある。

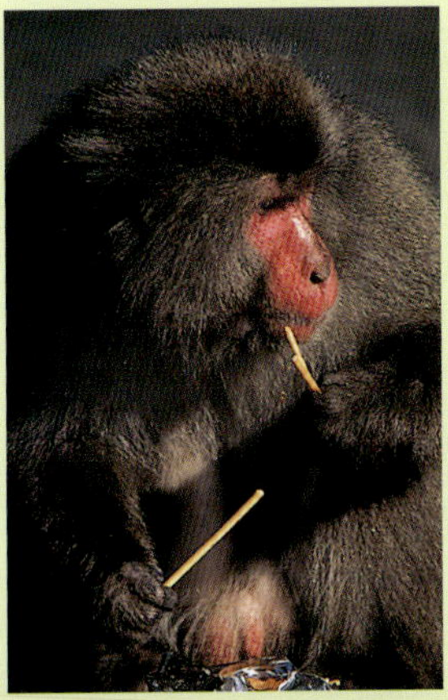

お菓子を食べる（箱根町、田中徳久）

ミカン畑のゴミ捨て場に群がる（小田原市、頭本昭夫）

ウサギ目《もく》

LAGOMORPHA

ノウサギ　ウサギ科

Lepus brachyurus　Japanese hare

竹林を駈けるノウサギ（大磯町、青木雄司）

幼獣。頭頂部に白い毛がある
（箱根町、石原龍雄）

頭骨（青木雄司）

ナイフで切ったような食痕
（秦野市、青木雄司）

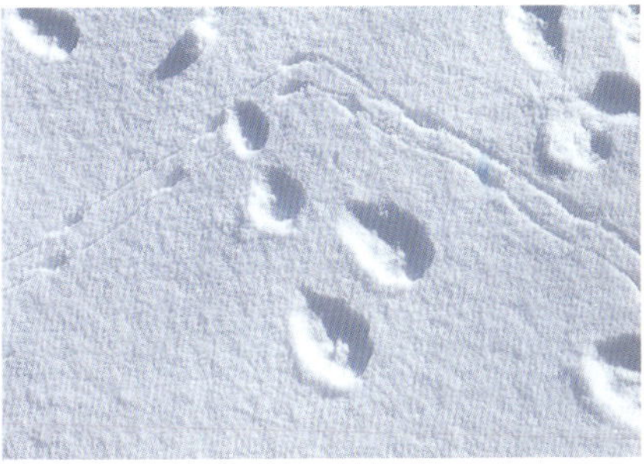

雪上の足跡。大きな跡が後足、小さな跡が前足。前足を地面についた後に、後足がそれを追い越すようにつく。写真の左上から右下へと進んだことになる（大山、青木雄司）

パチンコ玉を上下につぶしたような直径1㎝ほどの円筒形のフン。中には植物繊維がつまっている（大磯町、青木雄司）

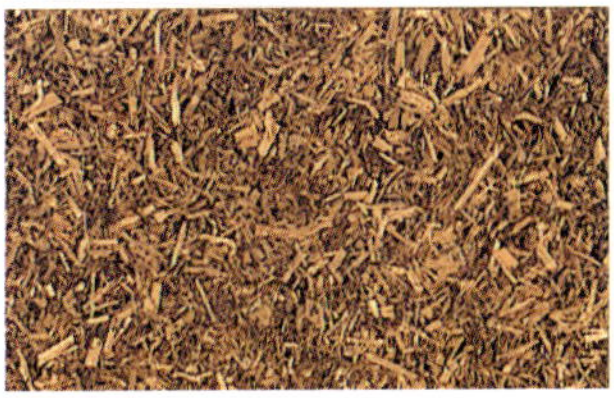

フンに含まれる植物繊維

形態：頭胴長50cm前後、尾長3cm前後、耳長7cm前後、体重2kg前後。関東周辺に生息する亜種キュウシュウノウサギは、一年中全身が褐色である。一方、降雪量の多い地方に生息する亜種トウホクノウサギは冬には耳先を除き全身が白色になる。

分布：本州・九州・四国の平地から山地まで広く分布する日本固有種。生息する環境も森林・草地など多様である。神奈川県では平地から箱根・丹沢山地のブナ林まで広く生息する。厚木市など都市部の河川敷にも生息している。

生態：植物食で、葉・芽・枝・樹皮を食べる。前歯が大きくて鋭く、枝をかみ切った跡は、ナイフで切ったような鋭い切り口になる。初春から秋まで連続して数回の出産を繰り返す。巣穴を掘ることはなく、草陰などで1～4頭（通常２頭）出産する。子どもは毛の生えた状態で生まれ、すぐに歩くことができる。

神奈川RD度：健在種

齧《げっ》歯《し》目《もく》（ネズミ目）

RODENTIA

ニホンリス　リス科

Sciurus lis　Japanese squirrel

細い枝の上でも敏捷に走る（山北町、山口喜盛）

形態：頭胴長20cm前後、尾長16cm前後、体重280g前後。夏毛は背面が赤褐色で、腕から足にかけて赤みをおびる。冬毛は灰褐色に変わり、耳の先に長い毛が伸びる。腹は白い。

分布：本州、四国、九州に分布する日本固有種。西日本では少なく、九州では最近の記録がない。神奈川県では北西部の山地や、その周辺の丘陵に生息し、山麓の林からブナ帯まで広く分布するが、少ない。

生態：主に樹上で生活し、木の実、葉、キノコなどや、昆虫など動物質も食べる。夏から秋には木の実を地中や樹上に蓄え、冬に備える。春から秋に1～2回出産し、1回に2～6頭出産する。木の枝を積み重ねて球形の巣をつくったり、樹洞も巣として利用したりする。食物の豊富な自然林の減少に伴い、数を減らしていると思われる。

神奈川RD度：減少種

マツボックリの鱗片をはがし、種子を取りだして食べる。ムササビの食痕との区別は困難である（清川村、山口喜盛）

オニグルミの実を真っ二つに割って中身を食べる（箱根町、石原龍雄）

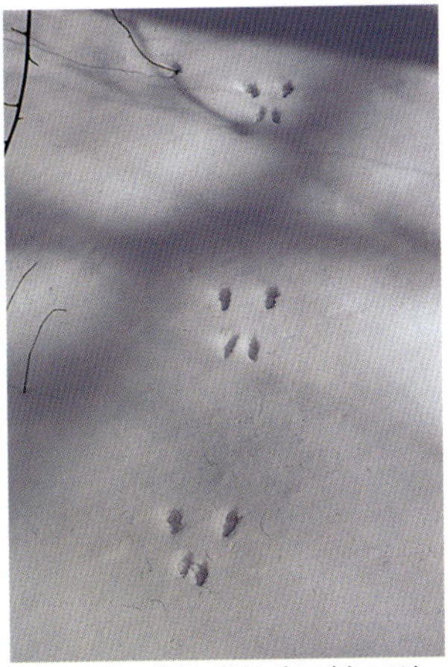

雪上の足跡。後足（幅の広い方）でジャンプして、前足（幅の狭い方）で着地している（清川村、山口喜盛）

小鳥の餌台にやってきた冬毛のニホンリス（箱根町、石原龍雄）

ホンドモモンガ　リス科

Pteromys momonga　Japanese flying squirrel

夜行性だが昼間も活動することがある（清川村、山口喜盛）

形態：頭胴長17cm前後、尾長12cm前後、体重180ｇ前後。背は灰褐色で腹は白い。前肢と後肢の間には滑空するための飛膜がある。尾は扁平で、目が大きい。

分布：本州、四国、九州に分布する日本固有種。北海道に生息するのはタイリクモモンガ（エゾモモンガ）。神奈川県では丹沢山地に生息するが、目撃記録は少なく、個体数は少ないと思われる。大きな木のある林で見られることが多く、スギやヒノキの植林地にも生息している。

生態：夜行性で、ほとんど樹上で生活し、木から木へ滑空して移動する。樹洞をねぐらや子育てに使う。小鳥用の巣箱を利用することもあるが、しばしばムササビに奪われる。木の実や葉、芽などを食べる。ムササビよりもずっと小さく、動きが敏捷である。「ジッ、ジジッ」と鳴くことがある。繁殖は年2回行なわれていると思われるが、よくわかっていない。

神奈川RD度：危惧種

利用している巣箱。中に巣材が見える（清川村、山口喜盛）

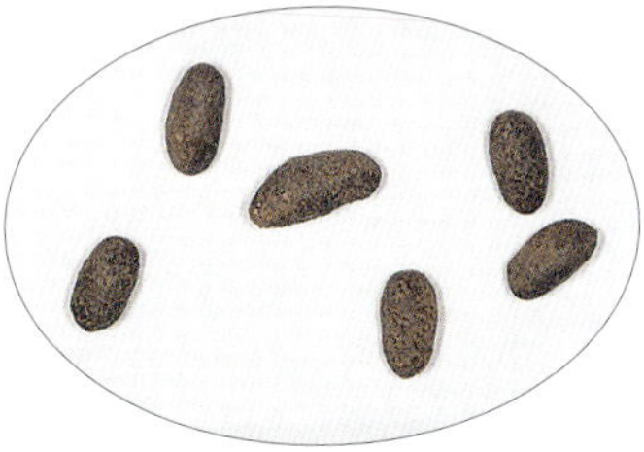

俵型のフン(長さ５～８㎜)。巣のある
木の根元周辺で見つかる（山口喜盛）

日没して暗くなると巣を出て幹を素早く登り、滑空して他の木に移動する（清川村、山口喜盛）

巣材に使われたスギの柔らかい内皮（山口喜盛）

ムササビ　リス科

Petaurista leucogenys　Japanese giant flying squirrel

イロハモミジの枝にとまる（清川村、山口喜盛）

形態：頭胴長40cm前後、尾長36cm前後、体重はオス1.2kg前後、メス1kg前後。飛膜は首から前肢、後肢、尾までつながっている。尾は長く太い。背は褐色だが、地域によって変化がある。腹は白く、頭から頬にかけて白い帯状の毛がある。

分布：本州、四国、九州に分布する日本固有種。神奈川県では北西部の山地や丘陵にふつうに生息する。三浦半島や鎌倉周辺では最近の記録がなく、絶滅した可能性が高い。山麓の社寺林や植林地から山地のブナ帯まで広く分布する。

生態：夜行性で、飛膜を広げて木から木へ滑空する。ほとんど樹上で生活する。樹洞にスギの皮などを裂いて詰め込み巣をつくるが、小鳥用の巣箱にもよく入り、建物の隙間、戸袋、岩の隙間などを利用することもある。木の実、葉、芽、花、昆虫などを食べる。「グルルル」とよく鳴く。樹皮を巣材に使い、実や芽などを食べるため、スギの植林地にもふつうに生息している。繁殖は春と秋に行なわれ、１回に１～２頭出産する。

神奈川RD度：減少種

巣箱をよく利用する。暑い夏は、穴から顔を出して寝ていることもある。狭い入り口は自分の体に合わせてかじって広げている（清川村、山口喜盛）

保護された幼獣（山北町、山口喜盛）

●落とし物「食べ跡とフン」●

ムササビの食べ跡やフンは林や山とつながっている
社寺林などで、見つけることができる。

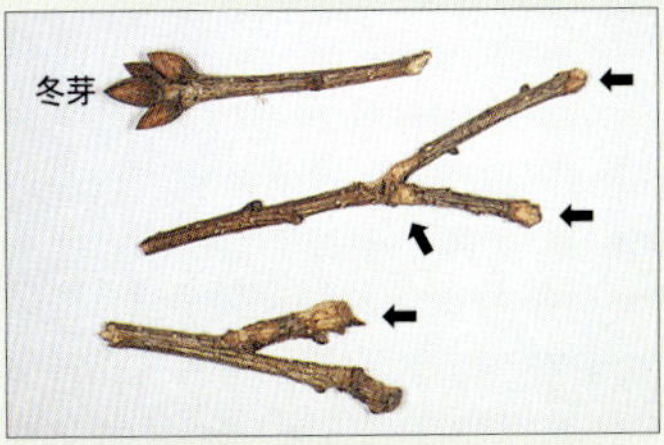

ミズナラの冬芽。かみ切った切り口は斜め

丸いフン。大きさはさまざま（長さ4～9㎜）

カシ類の葉

スギの実　（山口喜盛）

ヤマネ　ヤマネ科

Glirulus japonicus　Japanese dormouse

大きな目の周りにアイシャドウがある（山北町、山口喜盛）

形態：頭胴長8cm前後、尾長5cm前後、体重17g前後（冬眠前は35g前後）。全体に淡褐色で背中には黒褐色の線が一本ある。大きな目の周りは黒褐色をおびている。扁平な尾にはふさふさとした毛が生えている。

分布：本州、四国、九州に分布する日本固有種。神奈川県では丹沢山地と相模湖周辺の森林に生息している。山麓の林からブナ帯まで広く分布するが、夜行性で体が小さく、人の耳に聞こえる声で鳴かないことから目撃記録は少ない。

生態：樹上で木の実や皮、昆虫などを食べる。樹洞や幹の隙間、枝の込み合った中などに樹皮やコケなどで球形の巣をつくり、繁殖する。春から秋にかけて、1回に3～6頭出産する。食べ物が少ない晩秋から早春にかけての半年近くを、木の隙間や土の中で体を丸めて冬眠する。山小屋の布団の中で冬眠中のものが発見されることがある。

神奈川RD度：危惧種

環境省RDB：準絶滅危惧。国指定天然記念物

冬眠中のヤマネ。ピンポン玉くらいの大きさで、丸くなって寝ている。寝ているときの体温は0℃近くになる（山北町、山口喜盛）

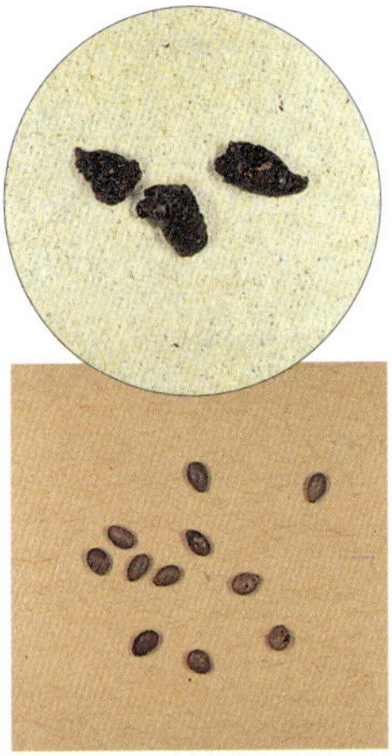

フンの中にマタタビ類の種子が入っていた（山口喜盛）

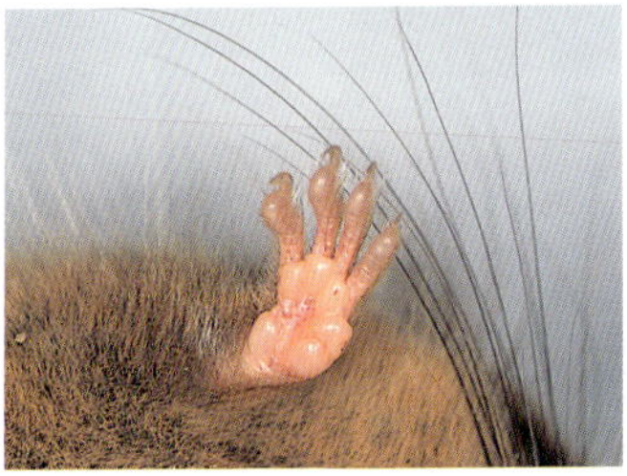

前足。細くとがったかぎ爪と肉球は幹や枝をつかみやすい（山北町、山口喜盛）

ヤマネが利用した巣箱。下にコケを敷き、その上に樹皮で巣をつくる。硬い部分を外側に、柔かい部分を内側にと使い分けている（山北町、山口喜盛）

巣材として使われたサルナシの樹皮

スミスネズミ　ネズミ科

Eothenomys smithii　Smith's vole

丸みのある体型は土の中で生活するのに都合がよい（山北町、山口喜盛）

形態：頭胴長10cm前後、尾長4cm前後、体重30g前後。体型は丸みがあり、尾は短く、耳と目は小さい。背は赤みをおびた褐色で、腹は黄褐色。

分布：新潟県と福島県以南に分布する日本固有種。神奈川県では箱根・丹沢・陣馬山地の森林内に生息しているが、他のノネズミにくらべて少ない。かつて、中部地方から北に分布するものをカゲ（鹿毛）ネズミと呼び、区別されていたが、形態に差がないことから、今では同種と考えられている。

生態：林の中の岩のある場所や沢沿いなどの湿ったところを好み、植物の葉や芽、木の実など植物質のものを食べる。飛び跳ねることはほとんどできず、動きは鈍く、おっとりとしている。岩の隙間や地中にトンネルを掘って生活する。

神奈川RD度：健在種

湿った沢沿いの林で見つかる
（山北町、山口喜盛）

幼獣には赤みがなく、ハタネズミとの
区別が難しい（山北町、山口喜盛）

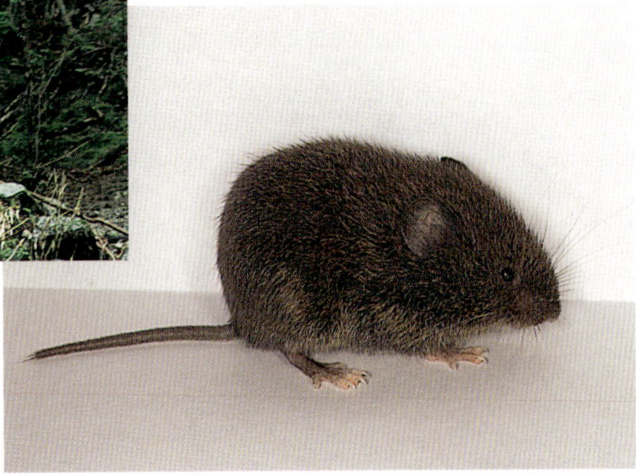

目は小さめで、顔は丸みがある。尾は短く、
体毛は赤みをおびる（山北町、山口喜盛）

ハタネズミ

ネズミ科

Microtus montebelli　Japanese grass vole

山地のブナ林にもすんでいる（山北町、山口喜盛）

形態：頭胴長12cm前後、尾長4cm前後、体重40g前後。体型は丸みがあり、尾は短く、耳と目は小さい。背は褐色で、腹は灰白色。スミスネズミによく似ているが、ハタネズミの方が尾が短く、体毛に赤みがない。

分布：本州、九州に分布する日本固有種。神奈川県では、平地では河原の草地や耕作地など、丹沢山地ではササ類の茂るブナ林、箱根では高所の草原やササ原で見つかっているが、少ない。

生態：草原環境を好み、地中にトンネルを掘り、その中に巣をつくる。草の葉や根、畑では野菜の根茎などを採食する。スミスネズミは山地に限られるので平地ではハタネズミと分布は重ならないが、両種が生息する山地のブナ帯では、ハタネズミの方が乾燥したササ原や草地を好むことで、棲み分けているようである。

神奈川RD度：健在種

対照的な生息環境

畑や草地（山北町、山口喜盛）

標高1500mのブナ林（山北町、山口喜盛）

後足で立ち上がり、あたりの様子を探る。性格はおとなしく、動きや姿に愛嬌がある（山北町、山口喜盛）

目は小さめで、顔は丸みがある。尾は短い（山北町、山口喜盛）

カヤネズミ ネズミ科

Micromys minutus　Eurasian harvest mouse

細いススキの茎を上り下りする（山北町、山口喜盛）

形態：頭胴長6cm、尾長7cm前後、体重10g前後。耳は小さく尾は長い。日本のネズミの中で一番小さい。背は褐色、腹は白色。

分布：本州（東北地方南部以南）、四国、九州に分布する。ふつう水田や休耕田などの湿地、ススキなどの草地に生息する。

生態：春から秋にかけて、主にイネ科植物の葉を細く裂いて編み、茎上に球形の巣をつくり、子育てをする。水田の稲にも巣をつくる。長い尾を茎に巻き付けて上り下りし、水面を泳ぐこともできる。草の茎や葉、種子、果実、昆虫などを採食する。冬期は地中に潜む。不安定な環境に生息するため、突然生息場所が消失することもあり、急激な減少が危惧される。カヤネズミのカヤ（萱）とはススキのこと。

神奈川RD度：減少種

休耕田の草地に生息するが、二次的な環境なので
生息地を失いやすい（山北町、山口喜盛）

巣の中は、細かく 裂いた柔かい草やススキの穂
などに包まれている（秦野市、山口喜盛）

ススキにつくられた巣。周りの葉を巻き込んでいる
（山北町、山口喜盛）

耳が小さく、尾は頭胴長より長い（山北町、山口喜盛）

ヒメネズミ　ネズミ科

Apodemus argenteus　Small Japanese field mouse

長い尾は樹上でバランスをとるときに都合がよい（山北町、山口喜盛）

形態：頭胴長9cm前後、尾長9cm前後、体重20g前後。アカネズミにくらべると、目が小さめで尾は長い。「ヒメ」とはアカネズミよりも体が小さいことから。背は茶褐色、腹は白色。

分布：全国に分布する日本固有種。山地から丘陵の林に生息するが、高木層の発達した森林を好む。

生態：地上だけでなく、木によく登って種子、果実、昆虫などを採食する。木の実は土の中などに蓄え、後で取り出して食べる。地中または樹洞などに落ち葉を詰め込んで巣をつくり、子育てをする。小鳥用の巣箱を利用することもある。アカネズミにくらべると、全体的に個体数は少ないが、山地の自然度の高い林では、ヒメネズミの方が優占している。

神奈川RD度：健在種

部分白化同士の交配により生じた白化変異（飼育下）（箱根町、石原龍雄）

巣材の落ち葉。球状に固まっている（山北町、山口喜盛）

小鳥の巣箱を点検すると落ち葉が出入り口のところまでたくさん入っていることがある。ヒメネズミの仕業である（南足柄市、山口喜盛）

アカネズミにくらべると鼻先がとがっていて、尾は頭胴長より少し長い（山北町、山口喜盛）

アカネズミ　ネズミ科

Apodemus speciosus　Large Japanese field mouse

飛び出しそうな大きな目をもつ（山北町、山口喜盛）

形態：頭胴長10cm前後、尾長10cm前後、体重40g前後。耳と目は大きめ。背は赤褐色で、腹は白色。名は赤みをおびた体色から付けられた。
分布：全国に分布する日本固有種。平野部から山地にかけて広く生息する。森林、河原、耕作地、草原など、さまざまなところに見られる代表的なノネズミ。下層植生の発達した環境を好む。
生態：自分で掘った穴やモグラ類の掘った穴を利用し、倒木や落ち葉の下などに身を隠しながら行動する。地上で、種子、果実、昆虫などを採食する。一度に大量に手に入る木の実は、土の中などに蓄え、後で取り出して食べる。前歯の力が強く、堅いオニグルミでも、かじって穴をあけて上手に中身を食べる。ツツガムシが寄生し、運搬役となってツツガムシ病を媒介する。
神奈川RD度：健在種

アカネズミは林縁や草原に多く生息する（伊勢原市、山口喜盛）

木の実の食べ跡

オニグルミ

コナラ

カエデ

倒木から飛び降りる（大磯町、青木雄司）

ヒメネズミにくらべると鼻がふっくらしていて目が大きく、
頭胴長と尾の長さは同じくらい（山北町、山口喜盛）

ハツカネズミ　ネズミ科

Mus musculus　House mouse

（秦野市、山口喜盛）

クマネズミ　ネズミ科

Rattus rattus　House rat

（富士吉田町、中川雄三）

形態：ハツカネズミ－頭胴長8cm前後、尾長6cm前後、体重16g前後。クマネズミ－頭胴長18cm前後、尾長20cm前後、体重180g前後。ドブネズミ－頭胴長22cm前後、尾長20cm前後、体重300g前後。

　ドブネズミとクマネズミは、大型で人家周辺に暮らすため、他のネズミと間違えることはない。両種の区別は、クマネズミの方が小振りで、耳は前に倒すと目にかぶさるほど大きいが、ドブネズミの耳は小さくて目に届かない。ハツカネズミは、両種にくらべてずっと小さく、大きさの近いヒメネズミやアカネズミとくらべると、尾が短く、体色に赤みがない。

生態：ハツカネズミは、耕作地や草地、家の中などにすみ、主に植物質のも

ドブネズミ　ネズミ科

Rattus norvegicus　Brown rat

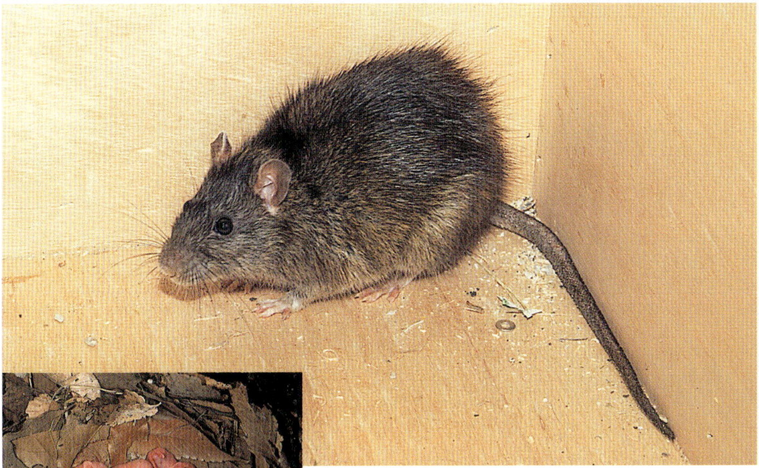

（山北町、山口喜盛）

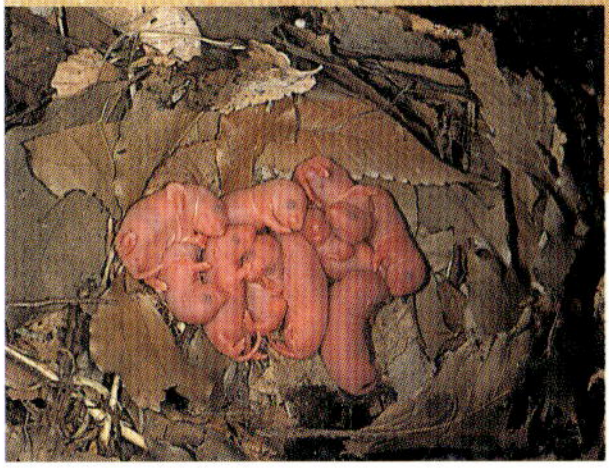

生まれて間もないドブネズミの幼獣。配水管や床下などの隙間にビニールや紙くずなどを集めて巣をつくる（大井町、石原龍雄）

のを食べる。発達した腎臓機能により水分を再吸収することができるので、水のないところでも長く生活できる。そのため濃縮された尿の臭いは強い。ドブネズミは、人家内や下水、ゴミ捨て場など、湿った所を好む。また、人家から離れた河原や耕作地にもすみ、山小屋に現われることもある。クマネズミは、乾いた環境を好み、高いところを登るのが得意なので、家屋の天井裏や高層ビル内に多く生息している。近年、都市部ではドブネズミをしのぐ勢いである。

これらの3種は、人家とその周辺にすむことから、総称してイエネズミとも呼ばれる。いずれも人間生活に依存しており、雑食性で人の食べるものなら何でも食べる。日本全国に生息しており、世界的にも広く分布している。これらは外国から持ち込まれた移入種であるが、ドブネズミは弥生時代の遺跡から骨や歯が発見されていることから、古くから日本にいたと考えられている。外国との交流が盛んに行なわれている現在、適応力の強いこのネズミたちは、今も荷物などに紛れ込んで密航を繰り返している。

食肉目《しょくにくもく》（ネコ目）

CARNIVORA

ツキノワグマ　クマ科

Ursus thibetanus　Asiatic black bear

暗闇から出てきたツキノワグマ（清川村、山口喜盛）

形態：頭胴長100cm前後、体重60kg前後。丹沢山地のツキノワグマは東北地方のものよりも小さめ。喉の白斑と口内以外は全身真っ黒。太くてがっちりした四肢をもち、爪は鋭く頑丈。

分布：本州以南の山地に生息するが、四国では数が極めて少なく、九州では絶滅した可能性が高いといわれている。神奈川県では丹沢山地に30頭くらいが生息していると考えられている。富士山や御正体山地に生息する個体群と交流ができず、分布の孤立化が心配されている。

生態：春から秋にかけて、植物の葉・花・根・実、昆虫など、大きな体の割には小さなものを食べている。植物質のものを中心に、季節によって森の産物を食べ分けている。秋にはドングリなど栄養価の高い木の実をたくさん食べて脂肪を蓄え、冬は大きな木の根元の穴や岩穴などに入って冬眠する。メスは冬眠中に1～2頭出産する。

神奈川RD度：危惧種

養魚場で捨てられたニジマスを食べる。山のゴミ捨て場に餌づいてしまうことがある（清川村、山口喜盛）

後足の裏

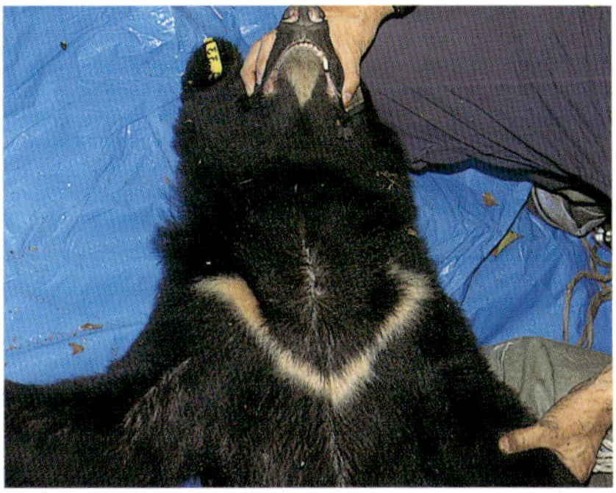

名の由来である胸の白い「月の輪」模様（山北町、山口喜盛）

ツキノワグマが残したもの

　滅多に姿を見ることはないが、採食した後に残した痕跡は比較的容易に見つけることができる。木に登って実を食べるとき、折った枝を足の下に敷くので、それが枝の固まりとなって残る。一見、大きな鳥の巣のように見える。これは「クマ棚」と呼ばれている。枯れ葉がついたままなので、冬になると遠くからでもよく目立つ。丹沢ではコナラやミズナラで多く、ミズキ、オニグルミ、エノキなどで見られることもある。

登ったときに付いた爪痕
(山北町、山口喜盛)

実を食べるために折ったエノキの枝
(山北町、山口喜盛)

コナラにできたクマ棚（秦野市、山口喜盛）

クマ棚のある風景（山北町、山口喜盛）

ツキノワグマがすむ丹沢の森。手前の濃い緑がスギ林、奥の紅葉している森が落葉広葉樹林（山北町、山口喜盛）

神奈川県では、かつては箱根にもツキノワグマがいたと考えられているが、現在は丹沢だけに生息している。その丹沢は、ツキノワグマにとって年々、すみにくい山に変わりつつある。森林の伐採や道路の整備などで移動経路が分断され、そのことによる分布の孤立化が個体群の遺伝的劣化を起こし、また自然林の減少、つまり餌不足による個体数の減少や繁殖力の低下が心配されている。

ツキノワグマは食物の豊富な広葉樹林がたくさんなければ生きていけない。丹沢では植栽されたスギやヒノキの針葉樹林が多いため食物事情はよくないが、急峻で複雑な地形が幸いして、植栽できない沢や急峻なところに残されている広葉樹林がツキノワグマのオアシスになっているものと思われる。秋になると栄養価の高い木の実をたくさん食べるが、この時期の食物摂取量が、冬眠や出産の成功を左右する。

いつまでも丹沢にツキノワグマが生き続けていくためには、多様性の高い自然林の復元や周辺の山地帯との交流ができるような緑地帯の整備が重要な課題となっている。

キツネ　イヌ科

Vulpes vulpes　Red fox

暗闇から出てきた若いキツネ（清川村、山口喜盛）

形態：頭胴長65cm前後、尾長40cm前後、体重5kg前後。背面は赤褐色、腹部は白色。尾が長く、体長の約４割にもなる。

分布：北海道、本州、四国、九州に分布する。かつては神奈川県内に広く分布していたと考えられるが、都市近郊の丘陵地や平野部では絶滅に近い状況にある。現在では主に、丹沢と箱根の山麓からブナ帯にかけて生息が確認されている。

生態：ノネズミ類、鳥類、昆虫類などの動物を主に食べるが、カキやアケビの果実などの植物も食べる。人家近くでゴミをあさることもある。繁殖のために巣穴を掘り、春に約４頭出産する。春に生まれたオスは、秋になると親の縄ばりから出ていく。一方、メスの子ギツネの多くは縄ばり内にとどまり、翌年、親から生まれた子（兄弟）の子育てを手伝う。

神奈川RD度：減少種

保護されたキツネ（神奈川県自然環境保全センター提供）

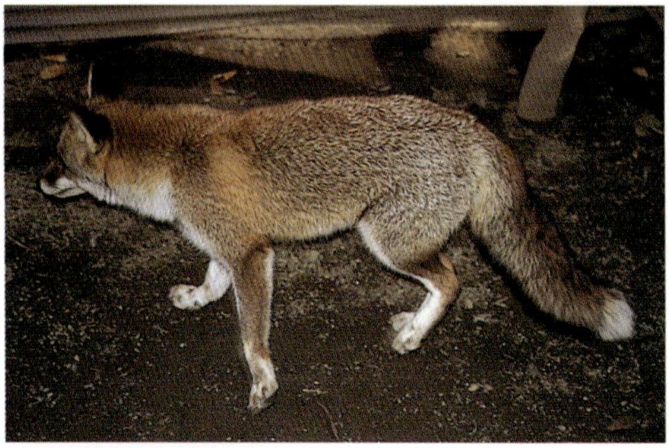

巣穴。巣は斜面などの掘りやすい所につくり、複数の入り口があることが多く、これらは中でつながっている（清川村、青木雄司）

フン。動物食が強いために、フンには骨や羽根などが混じる（清川村、青木雄司）

皮膚病のキツネ。キツネはフサフサとした尾が特徴だが、介癬のため尾の毛が抜けてしまい、まるでイヌのように見える（箱根町、石原龍雄）

タヌキ イヌ科

Nyctereutes procyonoides　Racoon dog

「けもの道」を通って餌場に向かう冬毛のタヌキ（清川村、山口喜盛）

形態：頭胴長60cm前後、尾長17cm前後、体重5kg前後。目の周りから頬と四肢は黒い。ふさふさした大きな尾を持つ。足は短く、皮下脂肪を蓄え冬毛に変わる秋冬期はずんぐりした体型になる。

分布：北海道から九州にかけて、平野部の緑地から山地まで広く分布する。神奈川県では、山地と丘陵を中心に分布しているが、住宅地周辺にも生息している。

生態：木の実、昆虫、ノネズミ、カエルなどを食べる雑食性で、動物の死体も食べる。単独または家族で生活し、春に4頭前後出産する。昼間は大きな石の隙間、木の根元、家の床下などで休み、夜になると活動する。疥癬の影響で、最近は見かけることが少なくなった。平野部や山麓では、道路による行動圏の分断や宅地開発などにより生息環境は年々悪化している。

神奈川RD度：健在種

タヌキがよく通る斜面は、段差ができて人も歩けるほどになる（清川村、山口喜盛）

向き合って威嚇しあう２頭。餌場ではいくつもの家族が一緒になるので争いは絶えない（清川村、山口喜盛）

ため糞(清川村、山口喜盛)

◆タヌキのため糞◆

タヌキの通り道をたどって行くと、一か所にフンがためられた場所がある。これは複数のタヌキが利用する共同便所で、個体間の情報交換の場になっているといわれている。フンの表面には消化されなかった植物の種子や動物の毛などが見える。時には他のものと一緒に食べてしまったビニールが混じっていることもある。

疥癬は、ヒゼンダニが皮膚に寄生して起こる皮膚病の一種。ヒゼンダニが皮膚の中にもぐり込むと痒くなり、かきむしることにより炎症を起こす。ひどくなると全身の毛が抜け落ちて皮膚がごわごわになり、体力が落ちると死ぬこともある。

疥癬で衰弱して保護されたタヌキ（山北町、山口喜盛）

親とはぐれたと思われて誤認保護された子ダヌキ。全身真っ黒で子犬のよう（山口喜盛）

タヌキは人の生活圏内でも生きている哺乳類なので、人の影響を受けやすい。それでも、したたかに都市部でも生きているのは、持ち前の鈍さ、残飯をあさるほどの雑食性など適応力が強いことと、高い繁殖力によるものだろう。

道路周辺によく現れるため、交通事故にあいやすい（清川村、山口喜盛）

水辺にもよく姿を現わす。カエルやカニなどを探しているのだろう（清川村、山口喜盛）

ゴミ捨て場に集まるタヌキ（清川村、山口喜盛）

タヌキといえば、山のゴミ捨て場の常連である。腐ったものでも平気で食べてしまう。ビニールなど消化できない物も一緒に食べて胃を詰まらせてしまうことがあり、空き缶に顔を突っ込んで抜けなくなって保護されたこともある。

テン　イタチ科

Martes melampus　Japanese marten

夏毛から冬毛に変わる途中（箱根町、石原龍雄）

形態：頭胴長45cm前後、尾長20cm前後、体重1.3kg前後。季節によって体色が異なる。夏毛は全身が黄色味をおびた褐色で顔や足が黒色をしている。冬毛は全身が黄色または黄褐色で、顔が白色になる。

分布：本州、四国、九州、対馬に分布する。人為的に北海道や佐渡島に持ち込まれている。かつて神奈川県では平地の森林にも生息していたと考えられるが、現在では丹沢・箱根の山麓からブナ帯までの森林に限られている。イタチは平野部の水辺、テンは山地の森林、オコジョはさらに標高の高い岩場と、生息地の重なりが多少あるものの、すみ分けの傾向がある。

生態：木登り能力に優れ、地上ばかりでなく樹上も含めて森林を立体的に利用している。ノウサギ、ネズミ類、鳥類、カエル類、昆虫類などの動物、マタタビ、アケビ、カキなどの果実を食べる。年1回繁殖し、春に2頭出産する。

神奈川RD度：減少種

木登りが得意で、樹上の木の実などを食べる
（箱根町、石原龍雄）

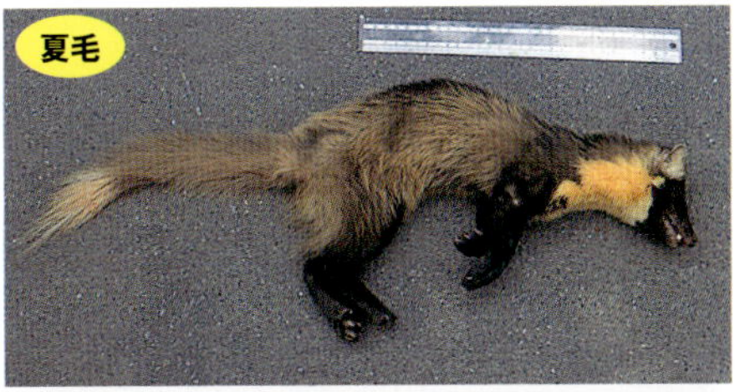

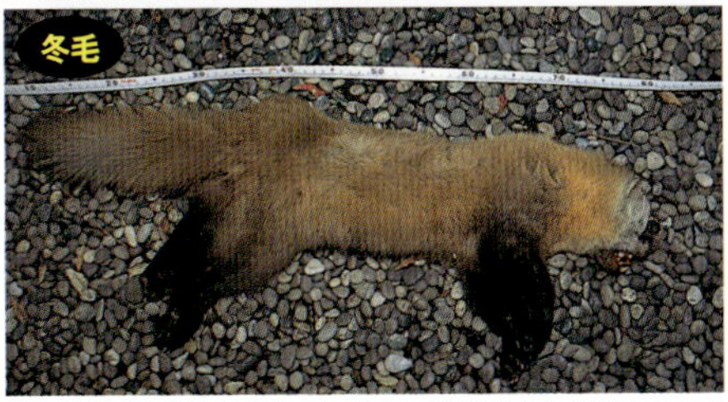

夏毛と冬毛で体色が異なる。冬毛で体色が特に黄色のものをキテンと呼ぶ（青木雄司）

フンは登山道の石や階段の上など目立つ所でよく見かける。イタチにくらべ、果実の種が多く混じる
（大山、青木雄司）

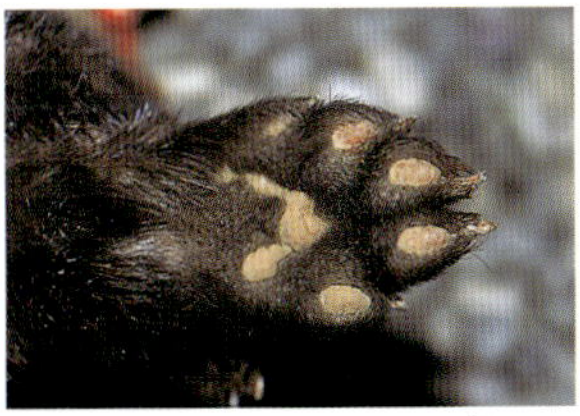

冬毛前足の裏。足跡はイタチに似ているが、テンの方が約2倍（長さ4㎝程、幅3㎝程）の大きさがある（青木雄司）

イタチ　イタチ科

Mustela itatsi　Japanese weasel

アカネズミを捕らえたイタチ
（伊勢原市、平田寛重）

長い胴体をシャクトリ虫のように丸めたり、伸ばしたりしながら跳ねるように走る（平塚市、坂本堅五）

形態：頭胴長はオス30cm前後、メス20cm前後。尾長はオス15cm前後、メス8cm前後。体重はオス450g前後、メス140g前後。雌雄で大きさの差が著しく、体重では3倍以上の差がある。

分布：本州、九州、四国などに分布する日本固有種。水辺環境を好み、河川敷や水田などに生息する。伊豆諸島などの島々ではネズミ類駆除の目的で持ち込まれたほか、北海道へは1880年代後半に進入し、定着している。神奈川県では、開発の進んだ都市部を除いて

オスとメス。左の小さいのがメス、右の大きいのがオス。別種と思えるほど雌雄で大きさが違う（神奈川県自然環境保全センター収蔵資料、青木雄司）

子ども（平塚市、坂本堅五）

平野部から山麓までの広い範囲に生息していると考えられる。西日本では毛皮目的で飼育されていたチョウセンイタチ（*M.sibirica*）が野生化している。

生態：河川や水田などの水辺環境を主な生活場所とする。ほぼ完全な動物食でネズミ類、鳥類、カエル類、昆虫類などを陸上で捕らえるほか、水に潜って魚類、甲殻類などを捕らえる。年に1回、4～5頭出産する。2か月ほど子育てをし、子どもは秋には独り立ちする。

神奈川RD度：健在種

河原などでは石の上など目立つ所にフンをする。テンのものと似ており、厳密な区別はできないが、テンのように植物の種が混じることはほとんどない（厚木市、青木雄司）

アナグマ　イタチ科

Meles meles　Eurasian badger

ずんぐりとした体型が特徴（箱根町、石原龍雄）

形態：頭胴長50cm前後、尾長15cm前後、体重8kg前後。タヌキぐらいの大きさであるが、幅のある身体と短く太い足のため、頑丈そうに見える。頭頂部から目の周辺まで黒褐色の斑紋がある。爪は太くて大きく湾曲しており、土を掘るのに適している。

分布：本州・四国・九州の平地から丘陵地の森林に生息している。かつて神奈川県でも広く分布していたと考えられるが、平野部からの記録が少なくなっており、三浦半島では絶滅したと推測される。現在では相模川より西側を中心に記録があり、丹沢・箱根のブナ帯でも記録されている。

生態：地面を掘ってミミズ・カブトムシの幼虫などの土壌動物などを食べるほか、地表のカエル類や果実なども食べる。春から初夏にかけて1〜4頭出産する。子どもは、出産後3か月で巣穴からでて母親と出歩くようになる。

神奈川RD度：減少種

ムジナと呼ばれるのは、地方によってアナグマを指したり、タヌキを指したりする。大磯町で明治時代に書かれた文書では、ムジナはアナグマのことを指している（青木雄司）

保護された幼獣。鼻すじが白く、ハクビシンと間違えられることもある（青木雄司）

餌を探した跡。穴を掘って土壌動物などの餌を探す。アナグマが採食した場所には、地面を掘った跡が点々と続いている（清川村、青木雄司）

前足の爪は太くて大きく湾曲しており、土を掘るのに適している（清川村、青木雄司）

◆◆偶《ぐう》蹄《てい》目《もく》(ウシ目)◆◆

ARTIODACTYLA

イノシシ イノシシ科

Sus scrofa Wild boar

日中に現われた若いイノシシ(箱根町、石原龍雄)

形態：ニホンイノシシ(本土産亜種)のオスは頭胴長135cm前後、体重80kg前後。メスはオスより小さい。

分布：ユーラシアに広く分布するイノシシの亜種で、本州、四国、九州に広く分布する。ただし、東北・北陸地方など雪の深い地域には分布しない。神奈川県では箱根・丹沢山地を中心に生息し、山麓や丘陵地にも出現する。

生態：母子あるいは母娘とその子で、数頭から十数頭の群れをつくって行動する。オスの成獣は単独で行動する。雑食性で、ヤマノイモやクズなどの根茎、タケノコ、クリやオニグルミなどの堅果、果実類からミミズ、昆虫、サワガニ、カエルなどの動物質まで広く採食する。丈夫な鼻を使って採食し、

庭に現われたメスの成獣
（箱根町、石原龍雄）

ぬた場（大磯町、青木雄司）

こすり木（清川村、青木雄司）

ヤマノイモの場合は深く掘った跡が、ミミズやサワガニでは浅く広く耕した跡が残る。餌づけを経験した個体では、投げ餌を求めたり、ゴミ箱を漁ることもある。幼獣の頃から餌づけされた個体は、人やイヌを恐れなくなり、後に問題となることが多い。体温を下げることと、ダニなどを体から落とすために、泥浴びをする。このような場所を「ぬた場」という。泥浴びをした後、体を木の幹にこすりつけて泥を落とす。特定の木を使うことが多く、樹皮がこすれて表皮がなくなることもある。幼獣の死亡率が高いものの繁殖力が強く、農作物や庭園などに被害を与え、有害鳥獣駆除の対象となっている。

神奈川RD度：健在種

ニホンジカ　シカ科

Cervus nippon　Sika deer

冬毛のオス（大山、青木雄司）

形態：頭胴長はオス150cm前後、メス120cm前後、尾長10cm前後、体重はオス70kg前後、メス50kg前後。夏毛では赤茶色に白色の斑点があり、冬毛では褐色になる。角はオスにだけあり、毎年生えかわる。

分布：北海道、本州、九州、四国、屋久島や慶良間列島などの島々に生息するが、地域によって大きさの変異が大きい。かつては標高の高い山地を除く神奈川県全域に生息していたと考えられるが、現在は丹沢の山麓からブナ帯までの山地に限られている。江戸時代までは平野部に生息していたが、人間の活動が広がるにつれて山地へと追いつめられていった。これは神奈川県だけではなく、関東地方全体にいえることである。箱根のシカは明治時代から大正時代にかけて絶滅し、神奈川県では丹沢だけに生き残った。丹沢のシカは、戦後の占領軍による乱獲や1953～54年のオスジカの狩猟解禁によって、

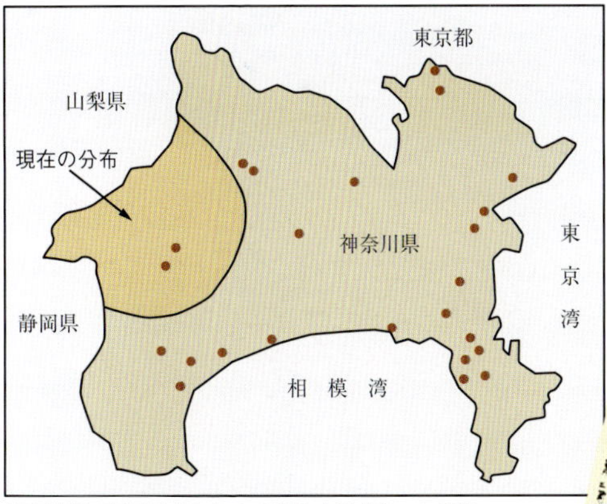

神奈川県で江戸時代にシカの駆除申請があった場所
（羽山伸一著『野生動物問題』から）

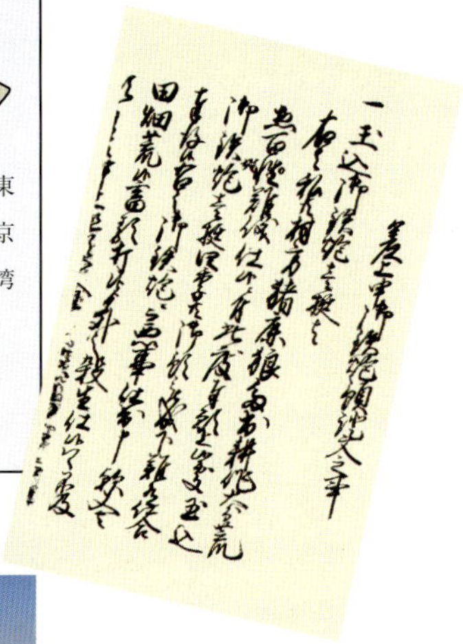

大磯町に残る古文書。イノシシ、シカ、オオカミが田畑を荒らすので、鉄砲を貸して欲しい、と書かれている（大磯町・守屋町子氏蔵）

登山者の多い山では、人慣れしたシカが餌をねだる光景が見られる。野生動物が抱える問題の一つである（大山、青木雄司）

一時激減した。1960年代初めには蛭ヶ岳・丹沢山などを含む主稜部に限られていたが、その後の大規模な植林によってシカに適した草地が増え、数が増大した。シカの生息密度が高い地点では、採食によって植物相に変化がでてきている。餌の条件が悪化したことなどにより、近年捕獲されたシカの角は、一昔前のものより小型化している。近年、分布の拡大が見られ、箱根の山地や平塚市の丘陵地でも目撃されるようになった。

生態：季節に応じてササ類・木の葉・落ち葉・樹皮など、さまざまな植物を食べる。秋に交尾を行ない、春から初夏に１頭出産する。メスの子ジカは母親とともに母系的な群れをつくるが、オスの子ジカは1～2歳で母親のもとを離れて、オスだけの群れに入る。

神奈川RD度：減少種

夏毛のオス。冬毛では全身が灰褐色だが、夏毛では赤茶色に白い斑点がでる。白い斑点の位置や大きさは、年を重ねても変わらないと言われる（大山、青木雄司）

角生え始め。春に落ちた角は、その直後から伸び始め、秋には立派な角になる。伸びている最中の角は袋角と呼ばれ、中には血液が流れている（大山、青木雄司）

防鹿柵。丹沢には植林した樹木をシカに食べられないようにするために、防鹿柵がつくられている（清川村、青木雄司）

妊娠しているメス（丹沢山、青木雄司）

子ジカ。生まれた時にはオスも角がない。生後１年で枝のない１本の角が生え、２年目で１または２尖（尖ったところが２か所）、３年目で２または３尖に、４年目に３または４尖になる。しかし、角の成長は栄養状態によって異なる（清川村、青木雄司）

冬を越せずに死んだシカ。積雪に弱いシカは、大雪の年には餌をとれずに死亡するものが多数でる（清川村、山口喜盛）

ぬた場。秋の繁殖期になると、オスは寝転がって泥を全身にぬりたくる。このような行為を「ぬたうち」といい、泥をぬる場所を「ぬた場」と呼ぶ（大山、青木雄司）

ニホンカモシカ　ウシ科

Naemorhedus crispus　Japanese serow

崩壊地や急斜面で見られることが多い（山北町、山口喜盛）

形態：頭胴長80cm前後、体重35kg前後。シカと違い、角はオス、メスともにあり、落ちずに一生少しずつ伸び続ける。目の下には眼下腺がある。丹沢のカモシカは東北地方のものにくらべて黒っぽく、全身、かなり黒色の強いものもいる。

分布：本州、四国、九州の山地に分布する日本固有種。神奈川県では、丹沢山地全域に広く分布している。

生態：草木やササ類の葉を食べる。崩壊地や岩場で休んでいることが多い。あまり鳴くことはないが、突然人と出会ったときなど、危険が迫ったときに「ギャッ」と鳴くことがある。人が近づいても驚いてすぐに逃げ出すことはないため、発見しにくく、むしろ、カモシカの方が先に人間の存在に気づき、人間を観察していることの方が多い。目の下にある眼下腺から出る分泌物を樹木に擦りつけ、縄ばりを主張する。春に１頭出産する。子どもは１年くらい母親と一緒に生活する。主に単独で行動している。

神奈川RD度：減少種

国指定特別天然記念物

採食後は崩壊地や岩場などの上部で休息しながら反芻する（山北町、山口喜盛）

ため糞。１か所にまとめてフンをする（山北町、山口喜盛）

フンはシカに比べて両側が細い（山北町、山口喜盛）

スズタケの葉を食べる。ササ類は、緑の少ない冬の大事な食料。食べた後しばらくすると、休息場で反芻を始める（山北町、山口喜盛）

角は毎年少しずつ伸びる。食物の少ない冬は栄養が不足するため角の生長は止まり、角輪ができる。この溝の数を数えることで、年齢を推定することができる（山北町、山口喜盛）

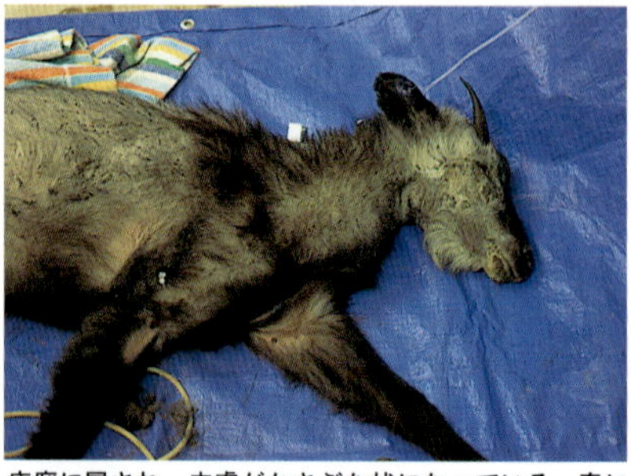

疥癬に冒され、皮膚がかさぶた状になっている。春には、衰弱したカモシカが保護されたり、死亡したものが見つかることも少なくない（山北町、山口喜盛）

丹沢山地におけるニホンカモシカの垂直分布（山口喜盛ほか、1998）
標高300～800mの中腹域に多く分布する

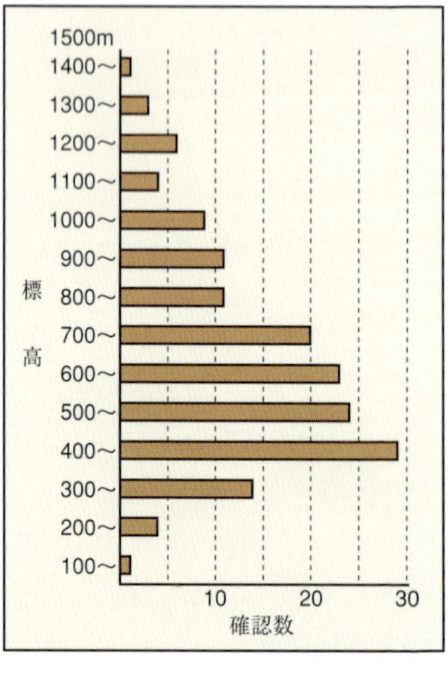

林道ののり面で採食する。緑化された急斜面は格好の採餌場になるが、墜落して落石防護ネットに挟まり死亡するカモシカもいる（伊勢原市、山口喜盛）

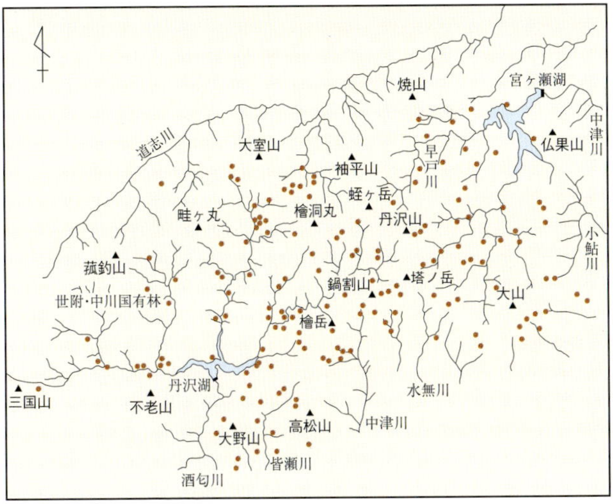

丹沢山地におけるニホンカモシカの確認位置（山口喜盛ほか、1998）

神奈川から消えた哺乳類

カワウソ　イタチ科

Lutra lutra　Eurasian otter

ニホンカワウソ。本土産カワウソを日本固有種（*Lutra nippon*）とする見解もある（愛媛県立とべ動物園提供、大高成元）

形態：頭胴長70cm前後、尾長46cm前後、体重8kg前後。背面は褐色で、腹面は白色をしている。水中生活に適応して、指の間に水かきが発達している。

分布：かつては日本全域に生息していたが、現在は四国の一部に生息の可能性を残しているだけである。

生態：河川の中下流部から沿岸部に生息し、川岸などに巣穴を掘る。肉食性で、水に潜って魚類・甲殻類などを捕食する。

カワウソが減少した原因は大きく２つあげられる。１つは毛皮を取るために乱獲されたこと。カワウソの毛皮は柔かく、なめらかなのでコートなどの材料として高価で取り引きされた。大正時代末期には1枚60円で、これは4人家族が2か月生活できる金額だったという。もう1つは、環境の変化である。護岸工事・埋め立てによる生息環境の悪化、工場排水・家庭排水による水質汚染、農薬等による餌の減少などによって生息場所が失われていった。

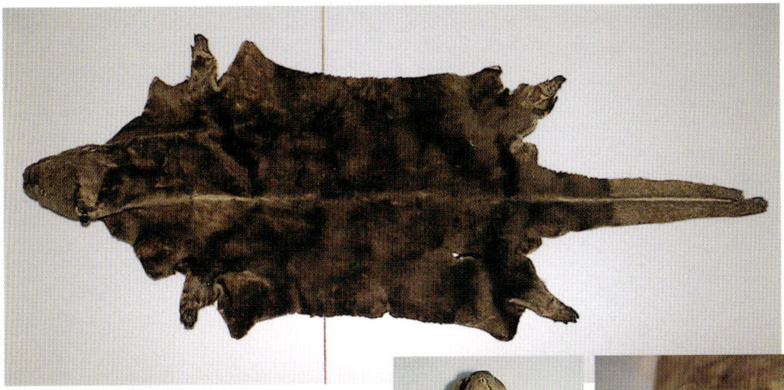

昭和２年(1927)に城ヶ島で捕獲されたカワウソの毛皮。ボタンがつけられ、マフラー用に加工されている。頭部には形を維持するために頭骨がそのまま入っている（横須賀市自然・人文博物館蔵、青木雄司）

明治時代初期に厚木市及川の荻野川で捕獲されたカワウソの頭骨（厚木市・小池昭夫氏蔵、青木雄司）

神奈川県はカワウソの名前が地名として残されている珍しい県である。藤沢市に獺郷《おそごう》という地名があり、『角川日本地名大辞典』によれば、湿地がありカワウソが多くすんでいたことからその地名がついた、とされている。明治時代の獺郷周辺の地図を見ると、蛇行して流れる川の両側に田圃が続いている。当時はこのような地形や景観は、ごくありふれたものだったはずである。とすると、山地を除く神奈川県内に広く生息していたと考えられる。

神奈川県のカワウソが絶滅した過程はよくわかっていない。現存する標本としては、厚木市産の頭骨、三浦市城ヶ島産の毛皮・頭骨の２点がある。伝承や聞き取りなどによって、大正時代に横須賀市から姿を消したこと、昭和初期まで東丹沢の中津川などで捕獲されていたこと、昭和初期まで厚木市荻野地区・酒匂川、昭和10年頃まで二宮町に生息していたことがわかっている。これらのことから、昭和10～15年頃に絶滅したのではないかと考えられる。

神奈川RD度：絶滅種

環境省RDB：絶滅危惧ＩＡ類

オオカミ　イヌ科

Canis lupus　Gray wolf

シーボルト『日本動物誌』に描かれたニホンオオカミ

丹沢産ニホンオオカミの頭骨（厚木市・中村昭氏蔵、青木雄司）

形態：頭胴長105cm前後、尾長30cm前後。ニホンオオカミの頭骨はエゾオオカミより小さいうえに、吻《フン》部が相対的に短く、頬の骨（頬骨弓）が強く張り出しているのが特徴である。これに対して、エゾオオカミの吻部は細長い。エゾオオカミの頭胴長は125cm前後で ニホンオオカミより大型である。

分布：北海道、本州、四国、九州に分布していた。北海道に生息していたオオカミはエゾオオカミ（*C.l.hattai*）と呼ばれ、本土域に生息していたオオカミはニホンオオカミ、またはヤマイヌ（*C.l.hodophilax*）の名で知られている。

生態：エゾオオカミの主食はエゾジカであったと推定されるが、乱獲によるシカの激減にともない、家畜、とくに放牧馬を頻繁に襲うようになったことから、積極的な駆除（狼狩り）や毒殺が行なわれ、1890年代に完全に絶滅したとされる。エゾオオカミの絶滅過程は北海道の開拓の歴史と関連して比較的よく記録されているのに対し、本土域のニホンオオカミの減少と絶滅過程には不明なところが多い。しかし、江戸時代から明治時代にかけての東北地方では北海道のオオカミ同様、放牧馬や羊を襲うことを理由に駆除や毒殺の対象とされた。明治38年（1905）に奈良県東吉野村で捕獲された若いオスのオオカミが最後の標本で、現在、英国自然史博物館が所蔵している。神奈川県では丹沢を中心に頭骨、前肢、尾など24個のオオカミの遺骸が発見されているが、明治26年（1893）頃の捕獲2例が最後となった。

神奈川RD度：絶滅種

環境省RDB：絶滅

オコジョ　イタチ科

Mustela erminea　Ermine

北海道大雪のオコジョ。本州のものとは別亜種（青木雄司）

尾の先は1年中黒い（北海道、青木雄司）

形態：頭胴長17cm前後、尾長5cm前後、体重100g前後。夏毛は、背面が褐色で、腹面は白色。冬毛では全身が白色になる。尾の先端は1年を通して黒い。

分布：本州の山岳地帯と北海道に生息する。

生態：肉食性でネズミ類や鳥類などの小動物を食べる。春に樹洞や岩のすき間につくった巣で4～5頭出産する。神奈川県の記録はすべて丹沢からで、蛭ヶ岳でオスの冬毛の標本例（黒田長禮、1940）、戦前にイタチ用の罠にかかったという伝聞、1961年に犬越路での目撃例しかなく、これらの標本は現存していない。確証に乏しいが、絶滅した可能性が高い。

神奈川RD度：絶滅種

環境省RDB：準絶滅危惧種（本土産）

アシカ　アシカ科

Zalophus californianus　Sea lion

シーボルト『日本動物誌』に描かれたニホンアシカのメス（亜成獣）

形態：カリフォルニアアシカやガラパゴスアシカより大型で、ニホンアシカを含むアシカ3亜種のうち最大の亜種である。オスは体長240cm、体重490kgに達した。メスはオスより小さく、体長180cm、体重120kg程度であったと推定されている。

分布：ニホンアシカ（*Z.c.japonicus*）は 日本沿岸で繁殖していた唯一のアシカ科動物である。太平洋側では九州沿岸から北海道、千島、カムチャツカまで、日本海側では朝鮮半島沿岸からサハリン南部まで分布し、伊豆諸島や日本海の竹島などに主要な繁殖地があった。

生態：繁殖地の伊豆諸島では5～6月にオスは十数頭のメスを率いてハーレムを形成し、繁殖していた。通常１回に１頭出産する。イカ類、タコ類、魚類を食べていたと思われる。明治維新頃の竹島の生息数は３万～５万頭以上であったと推定されている。19世紀末から20世紀初頭にかけて多くの生息地で漁獲や駆除が行なわれ、日本沿岸の広い地域でアシカの姿は消えていった。明治12年（1879）に三浦市南下浦町松輪の海岸で捕獲されたメスを描いた正確な絵図が『博物館写生図』（東京国立博物館蔵）に残されており、少なくとも明治30年代までは相模湾や東京湾沿岸にも姿を現わしていたと考えられるが、それ以後急速に衰退し、現在のところ生息の情報は得られていない。

神奈川RD度：絶滅種

環境省RDB：絶滅危惧IA類

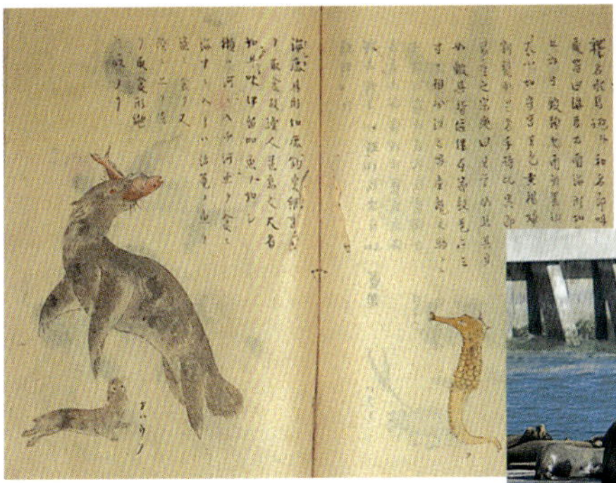

尾が太く長く描かれているなど、不正確な絵であるが、ニホンアシカと同定される（彦根城博物館蔵「相模灘海魚部」）

カリフォルニアアシカ（サンフランシスコ湾、青木雄司）

アシカ島、トド島の分布（中村一恵、2000）

かつてニホンアシカが繁殖または休息のために上陸した小島・岩礁

A：銚子市海鹿島町（アシカ島）、B：大原町（アシカ島）、C：勝浦市（アシカ島）、D：鴨川市（アシカ島）、E：白浜町（トド根）、F：横浜市神奈川区（トド島）、G：横須賀市久里浜（アシカ島）、H：三浦市八浦（トドノ島）、I：三浦市晴海町（トッド島）、J：三浦市城ヶ島（アシカヶ入江）、K：葉山町森戸（トットヶ鼻）、L：葉山町森戸（トットノ島）、M：伊東市（アシカ根）、N：伊豆大島泉津（アシカ島）、O：伊豆大島波浮（アシカ根）

移入された哺乳類

ヌートリア　ヌートリア科

Myocastor coypus　Nutria

動物園で飼育されているヌートリア（中村一恵）

相模川で捕獲されたヌートリア（中村一恵）

形態：水生に適応した巨大な齧歯《げっし》類で、頭胴長55cm前後、尾長40cm前後、体重6kg前後。後肢は前肢より長く、第5指は遊離しているが、第1から第4指までの間に水かきがある。

分布：本州の関東以西に分布し、水辺に生活する。成長が早いうえに飼育しやすく、毛皮が防寒用として最適と考えられたことから世界各地で養殖の対象とされた。1940年前後に軍は民間での飼育を奨励し、主として関東以西の地域に約4万頭が飼育されるまでになった。しかし、敗戦とともに需要がなくなり、脱走したり放逐されたものが野生化した。原産地は南アメリカ。

生態：泳ぎは巧みで、水中に潜ることもできる。夜間に水生植物の葉、茎、地下茎など食べる。土手に穴を掘り、あるいは水上に水生植物を集めて浮巣をつくり、年に2～3回繁殖する。1回に5頭前後出産する。狩猟獣に指定された1963年から1973年頃までは相模川の河口域から寒川町にかけての範囲で年間10～30頭の捕獲があったが、1974年以降、捕獲数は激減し、近年の生存に関わる情報は得られていない。

ハリネズミ　ハリネズミ科

Erinaceus cf. *europaeus*　European hedgehog

人家の庭に現われたハリネズミ
（小田原市、中村一恵）

親子（小田原市、市川恵三）

犬小屋の下で眠る２匹
（小田原市、中村一恵）

形態：ヨーロッパから東南アジアにかけて、外観の酷似したハリネズミ類数種がほぼ分布域を違えて生息している。小田原市に野生化しているのはヨーロッパ産のナミハリネズミ（*E. europaeus*）と思われるが、分類学的な検討が必要である。

分布：ペットに由来するハリネズミが国内各地で目撃されたり、捕獲されており、これまでに岩手県、長野県、富山県、栃木県、神奈川県等から報告されている。小田原市では1987年以来、特定の神社の、半径100～200m範囲内の民家の庭先や畑地などで目撃例や捕獲例が相次いだ。その中には２頭の子どもを連れた成獣の目撃例が含まれており、ほぼ確実に繁殖しているものと考えられる。小田原市に隣接した足柄上郡大井町でも捕獲例がある。

生態：分布域が限定されており、また完全な夜行性で発見される機会はあまりなく、生態に関する情報はほとんど得られていない。

アライグマ　アライグマ科

Procyon lotor　Northern racoon

人家に現われた2頭（鎌倉市、木村晃）

形態：頭胴長55cm前後、尾長30cm前後、体重７kg前後。尾に5～10本の黒いリング模様がある。

分布：本州と北海道に分布するほか、国内各地で捕獲記録がある。そのほとんどがペット由来であり、脱走したり放逐されたものが野生化した。野生化したものの繁殖は鎌倉市で初めて確認されたが、その後、藤沢市、逗子市や横須賀市など三浦半島各地、横浜市南部、さらには相模川流域沿いの市町村域に広がっている。原産地は北アメリカ。

生態：原産地では水辺の森林や農耕地から市街地まで、さまざまな環境に生息している。主に地上で餌を探すが、木登りや泳ぎがたくみで樹上や水中からも餌を取る。小型哺乳類、鳥の卵、両生類、魚類、甲殻類などの小動物のほか、種子や果実類も食べる雑食性である。

繊細な前足。器用に物をつかむことができる（鎌倉市、樽創）

ネコとにらめっこする。気性は荒く、ペットには向かない（横須賀市、伊藤和美）

北米産のアライグマ（右）の四肢は淡灰色または白色であるが、南米原産のカニクイアライグマ（*P.cancrivorus*、左）は褐色である。2種のアライグマが混在して生息しているのか、交雑しているのかどうか、現在のところ明らかではない（中村一恵）

ハクビシン　ジャコウネコ科

Paguma larvata　Masked palm civet

1つの巣穴から出てきた5頭（山北町、神奈川県自然環境保全センター提供）

形態：頭胴長63cm前後、尾長40cm前後、体重３kg程度。冬には皮下脂肪を貯え、５kgを超えることもある。体背面は灰褐色。顔面、後頚、四肢、尾は黒い。細長い体型で、四肢は比較的短く、尾は長い。鼻から後頭にかけて目立つ白帯がある。

分布：本州、四国、九州に分布し、北海道からの記録もある。神奈川県では1958年に山北町大叉沢で幼獣が捕獲されたのが最初の記録である。1980年頃から相模川以西の地域で急増し、現在では、ほぼ県下全域に生息するまでになっている。原産地は東南アジア。

生態：平地の里山的環境や人家周辺に生息し、市街地にも姿を見せることがある。樹洞などで出産するほか、しばしば人家や寺院の屋根裏に営巣する。3月から12月にかけて、１回に2～4頭出産する。木登りが巧みで、果実や種子をとくに好む。ほかに昆虫類、多足類、甲殻類、小哺乳類、鳥類とその卵なども食べる雑食性である。

ビワの木に登ったハクビシン（伊勢原市、平田寛重）

電線を伝う（南足柄市、山口喜盛）

足跡（大井町、石原龍雄）

COLUMN

ハクビシンは何を食べているのか
―フン分析―

　ハクビシンは民家の屋根裏にすみつくことがある。平塚市と大磯町の民家に住みついたハクビシンのフンを屋根裏から採集し、その内容物を調べた。

ケース①平塚市の民家：住宅地の中。緑地は公園や庭のみ

庭や公園に植えられている植物を食べていた。残飯もあさっていた。

ケース②大磯町の民家：
緑の多い住宅地。近くに雑木林がある

雑木林にあるエノキ・ムクノキなどの種子を食べていた。

ケース③大磯町の民家：緑の多い住宅地

家の庭に植えられているキウイフルーツを食べていた。（青木雄司）

ハクビシンがかじって開けた
屋根裏への進入口

種類			ケース①	ケース②	ケース③
植物	イチョウ	種子・果柄	＋		
	イチョウ	葉	−		
	ムクノキ	種子		−	
	エノキ	種子		＋＋	
	クスノキ	葉	＋		
	タチバナモドキ	種子	＋＋＋		
	ミカン類	種子・果皮	＋＋		
	キウイフルーツ	種子・果皮			＋＋＋
	カキノキ	種子		−	＋
	不明1	種子			−
	不明2	種子	−		
	不明3	種子	−		
動物	サワガニ			−	
	ムカデ類		−		
	ミンミンゼミ			−	
	コカマキリ			−	
	セスジツユムシ			−	
	バッタ類			−	
	スズメバチ類		−		
	コクワガタ			−	
	昆虫不明（1個体分）		−		
	鳥類不明	羽	−		
	鳥類不明	卵殻	−		
人工物	銀紙・ビニールなど		−		

＋＋＋：多い　＋＋：ふつう　＋：少ない　−：ごくわずか

タイワンリス　リス科

Callosciurus erythraeus　Pallas's squirrel

寺にすみついたタイワンリス（鎌倉市、中村一恵）

人の手から餌をとる（鎌倉市、中村一恵）

餌づけは禁止！（鎌倉市、中村一恵）

形態：頭胴長20cm前後、尾長18cm前後、体重360g程度。腹面は淡い灰褐色で、ニホンリスのように白くはない。

分布：南関東以西の本州（太平洋岸）と九州に分布し、神奈川県が分布の北限となっている。藤沢市、鎌倉市、横浜市南部や逗子市、葉山町など県東部域に野生化し、次第に分布を拡大する傾向にある。現在のところ相模川以西の県西部地域には生息していない。原産地は台湾で、同島には３亜種が分布し、そのうちの１亜種（*C.e.thaiwanensis*）が持ち込まれた。

生態：鎌倉市では照葉林や落葉樹の二次林に生息し、夏から晩秋にかけては主に種子や果実を、冬から初夏にかけては花や葉、樹皮を食べている。食物に占める動物質の割合は非常に小さい。木の枝の間に小枝を組んで直径40cmほどの丸い巣をつくる。繁殖は年に１回で、主として秋に１～２頭出産する。

コラム

COLUMN

50万年の歴史を破壊する遺伝的汚染

ニホンザルが含まれるマカカ属のサルは16種が知られている。北アフリカ産の１種（バーバリザル）を除いて、すべてアジアに生息している。これらのうち、カニクイザル、アカゲザル、タイワンザル、ニホンザルの４種が互いに近縁な関係にあることは血液蛋白の電気泳動的多型座位を用いた比較研究から支持されている。

野生化したタイワンザル
（青森県野辺地町、中村一恵）

これらのマカカ類が種間で交雑すると、生殖能力のある雑種が生まれる。このような近縁性があることから、飼育されているアカゲザルやタイワンザルが脱出してニホンザルの群れに接近すると、種間交雑が起きる恐れのあることが霊長類の専門家によって早くから指摘されていた。にもかかわらず、外来マカカ類のサルを放置したために恐れていたことが現実のものとなってしまった。和歌山県産のニホンザルのオスの遺伝子を分析した結果、タイワンザルとの混血であることが明らかにされたのである。

古脊椎動物学者によれば、ニホンザルの祖先に当たるアカゲザル類似のマカカ類がアジア大陸から陸橋を伝って渡来したのは更新世中期に当たる50万～40万年前と考えられている。集団遺伝学者の野澤謙さんらの研究によると、ニホンザルは産地が近いタンワンザルよりはむしろアカゲザルに近く、両者間の遺伝的距離は約0.1である。これを分化時間に換算すると約50万年と計算され、化石に基づく渡来時期と遺伝学的推定とが大きくはかけ離れていない。

ニホンザルは50万年という歳月を要して誕生した。種の歴史が人間の不用意な行為で一瞬のうちに遺伝的に汚染されるようなことはあってはならない。現在のところ、神奈川県では外来マカカ類の野生化はないようであるが、「尾の長いサル」を見かけたら、直ちに博物館等の関係機関に情報をお寄せいただきたい。野生化初期の段階での速やかな対処が肝心である。（中村一恵・広谷浩子）

野生化した家畜

ノイヌ　イヌ科

Canis familiaris　Domestic dog

河川敷で餌を探す
（厚木市、青木雄司）

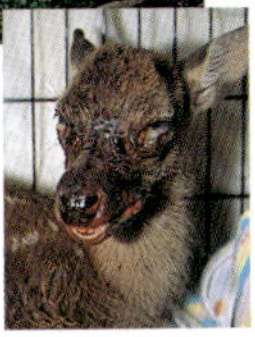

ノイヌに襲われ保護されたシカ（神奈川県自然環境保全センター提供）

形態：イヌはオオカミを飼い慣らしたもの。捨てられたペットや放置された猟犬が野生化したものをノイヌと呼ぶ。品種の違いにより体色・模様・体型が異なるが、野外での適応能力の低い小型犬はほとんど見られない。

分布：日本各地で見られる。神奈川県では人家周辺だけでなく、丹沢や箱根の山地でも確認されている。

生態：人里近くのノイヌは残飯などを主として食べているが、山中のものは野生動物を襲っていることが知られている。群れで行動することが多く、北海道、日光、丹沢、対馬などではシカを襲った例がある。

ノネコ　ネコ科

Felis catus　Domestic cat

残飯・ゴミが重要な餌になっている
（大磯町、青木雄司）

生態：イエネコはリビアネコを飼い慣らしたもの。捨てられたペットが野生化したものをノネコと呼ぶ。しかし、日本には人間の社会から完全に独立したノネコはいない。品種によって体色・模様・目の色などさまざまなタイプがあるが、ノイヌほど体型の違いはない。

分布：日本各地で見られる。神奈川県では人家周辺だけでなく、丹沢や箱根の山地でも確認されているが、キャンプ場や人里から遠く離れた地点で見かけることは稀である。

生態：人間の出す残飯に依存しているが、その他に小動物、鳥類も捕えている。沖縄県ではオキナワトゲネズミ、ケナガネズミ、ヤンバルクイナを襲っており、これら絶滅危惧種を保護するために駆除が行なわれている。一方、ノネコ自身がさらに上位の捕食者の餌になっているようで、丹沢ではクマタカに襲われた例がある。

神奈川から東北東に1400km離れた太平洋上の上空900kmから45度下向きに俯瞰した鳥瞰図で、山の高さは1.5倍に強調してある。写真のように見えるが、地球観測衛星ランドサットの画像をパソコンを使って処理をしたものである。東西（上下）方向は赤石山脈（南アルプス）から東京湾奥までの約200km、南北（左右）は約80kmが描かれている。作図には国土地理院発行の数値地図50mメッシュ（標高）を使用（新井田秀一作成／神奈川県立生命の星・地球博物館特別展図録『地球を見る－宇宙から見た神奈川』から）

神奈川県における哺乳類の現状

山口喜盛

◎開発に追われる哺乳類

神奈川県を、ほぼ中央を流れる相模川で東西に分けると、東側には神奈川県の人口の約85%を占める、比較的平坦な相模平野、相模原台地、多摩丘陵が広がり、関東平野へと続いている。一方、西側は足柄山地、丹沢山地、箱根山地がどっしりと構え、南は伊豆半島周辺、西は富士山周辺、北は関東山地へと連なっている。

現在、丹沢山地に多く見られるシカは、本来は平野の草地や森林に生息していた大型獣である。イノシシやサルも今では山地周辺にしかいないが、かつては広い範囲に生息し、これらを獲物とするオオカミや、水辺にすむカワウソも江戸時代には平野部に生息していたと考えられている。ところが、急激な人間活動の発展にともない、これらは絶滅したり、山地に追いやられたりした。このようなことから、現在の神奈川県における哺乳類の分布は自然が残された県北西部の山地に集中している。

タヌキなどの中型哺乳類やネズミ類などは、現在でも都市部周辺の緑地に生き延びている。しかしタヌキは、1990年頃より流行した疥癬によって個体数を急速に減らしているうえに、頻繁に交通事故にも遭うことなどから都市部に存続できるかどうか危ぶまれている。ネズミ類にしても、森林にすむヒメネズミの分布は局所的であり、荒れ地や耕作地など不安定な環境にすむカヤネズミやハタネズミさえも常に人間活動の影響を受けているため、平野部ではしだいに分布が狭くなっていくものと思われる。イタチは県内の水辺に広く分布しているが、河川改修による水辺環境の単純化や湿地の減少などにより、平野部では姿が見られなくなってしまう危険がある。

丹沢山地や箱根山地から遠く離れた三浦半島には、かろうじて緑地が残っているが、都市に近いことから開発の脅威は絶えない。ここでは近年、ムササビの目撃記録が途絶え、民話などで親しまれているキツネやアナグマとの出会いも過去の話になりつつある。宅地開発や道路建設など土地造成による緑地(森林)の減少と分断などが原因として考えられるだろう。適応力が強く雑食性のタヌキに比べて、神経質で肉食性の強いキツネは、早くから人口密度の高い平野部から早々と山地帯に後退したが、丹沢山地でも滅多に出会うことはなく、現在の生息状況はよくわかっていない。

山地の沢に生息しているカワネズミは、以前はもっと広く分布していたようであるが、上流域で盛んに行なわれている砂防ダムや林道の建設によって、さらに奥へ奥へと追いつめられていると思われる。コウモリ類についても神奈川県における生息状況はよくわかっていない。繁殖場や休息場に利用する大木や洞穴が年々減っていることから、存在すら知られないまま姿を消していくおそれがある。

私たちの生活を豊かにするといわれる「道路」は、野生哺乳類の生息地を物理的に分断し、交通事故死による直接的な影響も与えている。丹沢山麓の山北町(16km間)では、わずか2年間でイタチやアナグマなど6種23頭が犠牲になった(山口、2001)。また、ジャンプ力の弱いモグラやヒミズなどは、道路の側溝に落ちて、上がれずに死んだり、移動が妨げられたりしている。このように、交通事故や構造物の障害によって命を落とす野生哺乳類の数は想像を絶するものではないだろうか。今後は、移動経路を確保するために、野生哺乳類専用の横断路や誘導路、飛び出し防止フェンスを設置するなど、共存のための対策が検討されるべきであろう。

平野部が野生哺乳類のすめる環境ではなくなっているのは一目瞭然であるが、自然が豊かであるはずの丹沢や箱根の山地でも生息環境の荒廃が着実に進んでいる。戦後、急速に自然林が伐採されてスギやヒノキの針葉樹林に換えられたことにより、山地の森林は多様性を失い、自然林に依存する度合が高いツキノワグマやヤマネなどの生息環境はきわめて悪化した。また、山麓ではゴルフ場が造成され、川ではキャンプ場の増加や砂防ダムの建設による環境の改変、道路の拡幅や林道の開通など、森林開発がますます進んでいる。さらに丹沢の稜線部では、都市部の汚れた空気が原因と考えられているブナなど大木の立ち枯れが深刻な問題となっている。

大山の中腹から見た相模平野（山口喜盛）

首都圏に位置する神奈川県は、高度経済成長と人口増加の影響を強く受け、平野部のほとんどが人の利用域になってしまった。そして、箱根は観光地化され、丹沢もさまざまな開発や来訪者の増加によって深山的な様相が失われつつある。神奈川県では、平地だけではなく山地も野生哺乳類にとって安住の地ではなくなってきている。

◎哺乳類による被害問題

畑の野菜や果樹、植林した苗木の食害など、野生哺乳類による農林業被害は神奈川県西部を中心に起きており、丹沢では山地に侵入して増えすぎたシカによる自然植生への被害も発生している。また最近は、サルによる住居侵入や人に対する威嚇、攻撃などの生活被害や、野生化した移入種によるさまざまな被害も発生している。これらの被害は年々増加傾向にあり、深刻さを増している。

農業被害は最近始まったものではなく、江戸時代の古文書（p81）などにも書かれているように、古くから平野部でもシカ、イノシシ、サルによって発生していたことがわかっている。

イノシシは畑の作物や稲、タケノコ、クリなどを荒らすことから、丹沢では「嫁に行くならイノシシのいないところへ……」といわれていた所もあるほどで、トタン板を並べたイノシシ除けの防護壁は今でも畑や集落を囲うように残っている。シカは落花生や野菜、稲などを食べ、サルはミカンやカキなどの果樹、畑のダイコンやイモ類などを食べてしまうだけではなく、最近では人にかみつくものもいる。また、ハクビシンは各種の果樹、タヌキは農作物以外では養鶏などに被害があり、モグラは畑の地中に坑道を掘り、ノネズミ類は根菜をかじ

イノシシ除けの棚（松田町、山口喜盛）

ったり、畑に穴をあけるので農家には嫌われている。

農家にとっては収穫前の作物を荒らされるのは深刻な問題であるし、恩恵を受ける消費者としても心が痛むが、もともと野生哺乳類が生活していたところを開墾して耕作しているので、一方的に悪者とするわけにもいかない。さらに、たくさんの食べ物を簡単に手に入れることのできる畑や果樹園が目の前にあれば、手をつけてしまうのは無理もないことである。

シカやイノシシの被害増加の原因には、人工林化による自然の餌資源の減少、農業の拡大による生息地攪乱、暖冬少雪による死亡率の低下、オオカミを絶滅させてしまったことよる捕食者不在などが考えられている。要するに人間の側に責任のすべてがある。

被害を防ぐ方法として、古くから駆除(捕殺)と防除が行なわれてきた。直接数を減らす有害鳥獣駆除は、狩猟期以外に被害を減らすために行なわれており、シカ、イノシシ、ハクビシン、サルなどが主な対象になっている。しかし、加害する哺乳類は個体数が多いとは限らないので、正確に加害種を判定して計画的に実施しなければ、今度は個体数の減少を招いてしまう可能性がある。駆除はあくまでも個体数を減らして被害を少なくするためのもので、根絶させるものではない。とにかく、無駄な殺傷は避けて、被害を減らしながら生産もあげるには、まず被害の実態を十分調査してから、防除方法の開発に最大限の力を注ぎ、知恵を絞って共生の道を探っていくしかない。

シカは農作物以外にも植栽した苗木や生長した木の幹を食害する。自然林をスギやヒノキの人工林に変える拡大造林は、戦後、急速に推進されてきた。拡大造林が進むにつれ、シカによる苗木の食害が激しくなり、神奈川県ではシカとの共存の政策として造林地を防鹿柵で囲った。ところが、防鹿柵は破損することが多いためシカの侵入を完全に防ぐことができなかった。もう一つ問題が起きた。人工林は、大きく成長すると樹冠部を形成して陽をさえぎるために林床部に草地が育たなくなる。やがてシカは自然度の高い山中や稜線部に集中し、ササ類などの林床植生に強い採食圧をかけるようになっていったのである。このため、ササ類は急速に退行し、ほぼ全滅に追い込まれた草類もでてきた。林床植生を裸地化させてしまうと、今度は樹木の幹をかじるようになった。樹皮食いによる高木の枯死や稚樹の採食により、森林の更新も脅かされている。

また、林床植生の劣化によって特に林床部を生息場所とする鳥類に影響が出始めており、他県ではシカの増加によってカモシカやアカネズミなどの減少が報告されている。丹沢でも増加したシカと山地の先住者であるカモシカとの競合が強まるおそれがある。食物連鎖の底辺を占めるネズミ類の減少は、本来の生態系のバランスを崩し、さまざまな生き物に影響を与えることが考えられる。シカだけを保護するために貴重な生態系を犠牲にすることはできない。

個体数の増えたシカは、最近では足柄山地から箱根、大磯丘陵でも見られるようになった。本来なら野生動物が分布を拡大することは喜ぶべきことなのかもしれないが、山麓では農作物の被害が深刻になっており、シカの急増によって箱根の自然が攪乱されるおそれがあるので、複雑である。箱根が丹沢の二の舞にならないよう、今後の動向に注意していく必要があるだろう。

シカに樹皮をかじられたウラジロモミ。林床植生はほとんど絶えている（堂平、山口喜盛）

植生保護棚を設置して、シカの食害から林床植物を守っている
(丹沢山、山口喜盛)

シカ対策は、神奈川県では古くから取り組んできたはずであるが、結局は生態系の破壊という最終局面を迎えることになってしまった。最近は稜線部のブナ林を中心に植生保護柵を設置しており、ようやく、高標高地からシカを排除するために、保護区でのシカ駆除が行なわれようとしている。

一方、野生哺乳類がほとんどすめない市街地でも被害は発生しており、近年、建物の隙間をねぐらにするアブラコウモリによる糞害の苦情が多くなっている。勝手に駆除しているケースもあるようだが、コウモリ類は保護獣なのでネズミやモグラのように無許可で殺傷することはできない。しかも、コウモリ類は衛生害虫を食べてくれる益獣なので、冬眠期や夏の繁殖期を除いて、出入り口をふさぐか、代わりにコウモリ用の巣箱をつくるとか、被害防除の方法を工夫して共存できるようにしたいものである。

最近では、外国産哺乳類(移入種)による被害も問題になっている。鎌倉市を中心に藤沢市や三浦半島周辺などでは、ペットとして飼われていたアライグマとタイワンリスが、逃げ出したり、捨てられたりして野生化している。これに山地から分布を拡大しているハクビシンが加わり、在来種の減る平野部では、移入種はむしろ個体数を増やし、分布を広げている。

アライグマは農作物や家禽への被害に加えて、在来種に対する補食圧、在来種との競合など、生態系に重大な影響を与えるおそれが高い。タイワンリスは電話線や建物をかじり、樹木を剥皮する被害が多発しており、相模川を越えて丹沢や箱根に広がると、同じ資源を利用すると思われるニホンリスと競合し、原産地の台湾のように植林されたスギを食害するおそれもある。ハクビシンによる農作物や果樹の食害は山麓や丘陵でも発生しており、山地にも生息していることから在来種との競合も心配である。

このように移入された外国産哺乳類による新たな問題が起きているため、神奈川県では駆除を進めている。捕獲されたアライグマは、責任を持って飼育できる人が見つからなければ安楽死処分されている。元はといえば持ち込んだ人間の責任であるが、これ以上被害を広げないための苦渋の選択である。

これ以上「不幸な移入種」をつくらないためには、輸入規制やペットの管理責任などの法的整備が必要であり、在来生態系に与える影響の大きさなど、移入種問題の啓発活動を行なって、理解を求めていく必要があるだろう。

野生哺乳類による被害問題や増加する移入種問題は今や社会問題となっており、これは当事者たちだけの問題ではなく、みんなで考えていかなければならない問題である。

◎生息地をつなげる緑のネットワーク

コウモリ類を除くほとんどの野生哺乳類は、地上を歩くか樹間を滑空して移動するしかないため、生息地が道路や建築物などで分断されたり、森林が伐採されたりすると、分布が地域的に孤立してしまうおそれがある。他の地域個体群との交流が閉ざされると、種の持つ遺伝的多様性が劣化したり、減少した場合の個体補充ができなくなったりして、地域における絶滅の原因となる。このようなことは、すでに神奈川県の平野部や三浦半島周辺などから野生哺乳類が消えた原因として考えられ、分断された緑地をこのまま放っておけば、将来はタヌキでさえも姿を消していく可能性がある。山地では、滑空して木から木を移動するムササビやモモンガが森林の伐採で移動できなくなるおそれがある。ニホンリスについても個体群の分断が懸念される。また、丹沢山地のツキノワグマは関東山地との個体の交流が絶えつつあるとされており（日本哺乳類学会編『レッドデータ　日本の哺乳類』)、カモシカなど他の大型哺乳類についても心配である。

最近では、このような生息地の分断が各地で懸念されており、健全な個体群を維持するために、分断された生息地を緑地帯でつなぎ合わせる重要性が指摘されている。しかし、交通事故に遭いやすくなり、生態系に影響のある移入種やシカの被害拡大の手助けになることも考えられるので、十分調査・検討したうえで取り組む必要があるだろう。また、これにともなう鳥獣保護区や猟区の

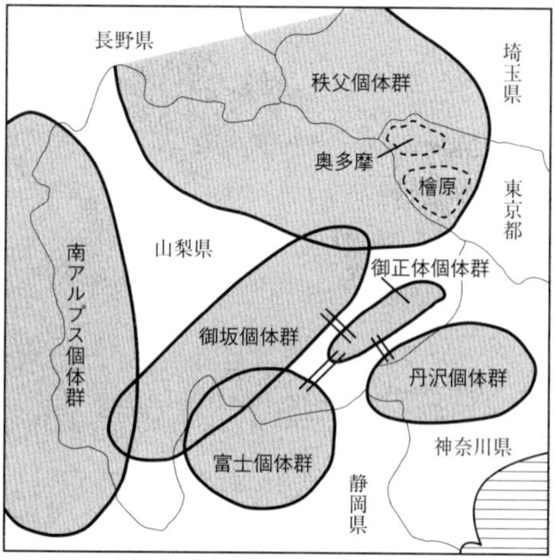

丹沢ツキノワグマ個体群の位置づけ（羽澄俊裕、1997）

設定も慎重に行なわれるべきである。

丹沢と箱根は周辺の山地と隣接しているが、近年、道路の整備や周辺の開発が進んだことにより、野生哺乳類の自由な行き来が困難になっている。欧米では道路に野生動物用の移動路(緑地帯)を併設したりしており、国内でも取り入れられているところもあることから、神奈川県でも積極的に対処していく必要があるだろう。丹沢と富士山地域を結ぶ緑の「コリドー(回廊)構想計画」が進められているので、今後の進行状況に期待したい。

野生動物との接触が引き起こす問題

石原龍雄・広谷浩子

近年、哺乳類本来の生息地がおびやかされてきた結果、人と哺乳類の生活の場は大きく重なり、相互作用の頻度も高くなっている。人と動物の接触がもたらした問題として、餌づけと疥癬がある。

●餌づけ

哺乳類に対する餌づけは、野生動物とのふれあいとしてテレビや新聞に紹介されることも多い。しかし、ニホンザルやイノシシのように餌づけがその後、大きな問題をもたらすケースも少なくない。特に箱根地区では、観光と関連して餌づけが行なわれた結果、動物の本来の生態を逸脱した個体群をつくりだす結果となり、人の生活をも脅かすような問題を引き起こしている。

【イノシシ】箱根山地におけるイノシシの生息は、1970年代までは限られた地域に少数が生息しているのみであったが、1980年代に入り、かつては定住することのなかった中央火口丘の一部にも見られるようになった。ある場所で給餌が行なわれていたのである。そもそもの始まりは「人間の近くまで野生のイノシシが来るのは、よほど食べ物に困っているのだろう」という同情からだったそうであるが。

1985年になると、出現範囲が急激に広がり、ヤマユリの食害などの被害や目撃例も増加し、駆除も行なわれるようになった。1987年には、別の場所での餌づけも始まり、翌年には12頭の幼獣を含んだ群れとなった。野生のイノシシが目の前で見られるのは感動的である。バブル景気の時代でもあり、保養所などから出る残飯には事欠かなかった。1990年には、ある餌づけ場所で一度に26頭も出現している。

イノシシの増加にともない、ゴルフ場の芝生や旅館の庭園を掘り返したり、

タヌキの餌づけ場所（箱根峠、石原龍雄）

ゴミ箱を荒らすなどの被害が大きな問題となり、餌づけを中止するところが見られた。しかし、一方では新たな餌づけも行なわれ、常に数か所で餌づけが行なわれていた。この結果、自然植生への影響もふえ、崖を除いてはヤマユリの花がなくなってしまった。車との衝突事故も増加した。人を恐れないイノシシが増加し、日中に出没して観光客からの投げ餌をねだったり、人と並んで歩いていたりといった異常な行動が話題となった。大変残念なことに、餌づけされたイノシシによると思われる、人への重大事故も起きている。

駆除と行政による餌づけ禁止指導の結果、現在は個体数が減少したが、秋から春にかけては道路脇に掘り返した跡を目にする。イノシシによる加害は、餌づけの有無にかかわらず起きているが、餌づけが被害を大きくした原因となったといえよう。

【ニホンザル】 ニホンザルの餌づけは1950年代までさかのぼる。箱根天照山と畑宿に餌場が設けられた。当初は２群・数十頭程度だったサルは、高栄養の食物を与えられた結果、初産年齢の低下、出産率の上昇などを引き起こし、個体数が大幅に増加した。群れは何度か分裂を繰り返して最終的に６群にまでなったが、すべての群れが餌場を中心にした遊動域を持っていた。

その後、餌づけが観光事業にそれほど貢献できなかったため中止されるが、人馴れしたサルと人との間にトラブルがふえ、一方、餌づけの突然の中止で、サルは食物を求め、低標高地へと広がっていく結果となった。餌づけ中止後のトラブルは、本書のニホンザルの項でもふれたとおりである。箱根地域だけで年間2000万円近くの被害を引き起こしている。

【餌づけが起こす弊害】 動物種にかかわりなく、餌づけをめぐってのトラブルにはさまざまなものがある。いったん餌づけをすれば、人と動物の関係は明らかに変わる。そして、人は動物の個体数や生態をコントロールするよう責任を負わなければならない。しかし、実際にはこのような責任が果たされないまま、問題が生じている。弊害の主なものは以下の３つである。

①人との距離が縮まること。この結果、動物は恐怖心をなくし、大胆に行動するようになる。

②動物の食物の嗜好が変化すること。いったん人間の食べ物が好きになると、この嗜好を元に戻すことは不可能に近い。

③高栄養化。出産率が高まり、幼児死亡率が低下し、群れの個体数や性年齢構成が大きく変わる結果となる。

さらに、深刻なのは、これらの弊害が餌づけ停止後も長く続くことである。世代時間の長い哺乳類では、リハビリテーションに多大な時間がかかるため、もとの自然に近い状態に戻った成功例は非常に少ない。

●疥癬

疥癬はヒゼンダニの寄生による皮膚病で、神奈川県下でも1990年代からタヌキを中心に広く流行している。これにかかった動物は、強いかゆみのため患部を爪でかいたり、歯でかんだりする。患部には傷やかさぶたができ、脱毛し、はなはだしい場合は全身の毛が抜け、冬季の低温に耐え切れずに死亡する。

箱根山地では、1987年から疥癬症のハクビシンが出現し、1993年にはタヌキに流行した。流行後は全体の個体数が減少したものの1995年には脱毛したタヌキはほとんど見られなくなった。しかし、1997年から再びタヌキに流行した。罹患率も高くて長く続き、一時は個体数が10分１程度に減ったようである。現在は個体数が回復しつつあるが、地域によってはまだ脱毛した個体も観察されている。

疥癬にかかったハクビシン（宮城野、石原龍雄）

タヌキやハクビシン以外の動物では、1995年からテンやイタチ、1996年からはキツネにも疥癬の個体が観察されている。

丹沢山地でも疥癬が流行し、一時はタヌキがほとんど見られなくなってしまった。また、箱根で観察された種類のほかに、アナグマやカモシカ、イノシシにも感染個体が発見されている。平野部や丘陵地においても、時期はずれるものの、タヌキやハクビシンに疥癬が流行し、イヌや人への感染も起きている。

タヌキやハクビシンへの感染がどのようにして起きたのかは不明である。一つの可能性は、人との接触の機会がふえたことである。箱根山地の静岡県側の別荘地では、以前から捨てイヌが多く、1990年頃には疥癬にかかった捨てイヌが人にまとわりつくのがしばしば見られた。疥癬にかかったイヌがいる家に出没したタヌキが発症した例もあった。餌づけが行なわれている場所では、タヌキやハクビシン、アナグマ、キツネ、テンが集まり、個体間の接触も見られる。このような人との接近が疥癬の流行を促進したのではないかと思われる。

神奈川の哺乳類相

中村一恵

日本列島の哺乳類相は、大きくは北海道、本州・四国・九州およびそれらの属島(以下、本土域と呼ぶ)、対馬、琉球列島の4つの地域に分けられる。琉球列島は東洋区に属し、中国南部、インド、マレー半島、インドネシアに分布する動物に共通な要素から成り立っている。一方、琉球列島を除く日本列島の大部分の地域は旧北区に属し、ヨーロッパ、地中海、シベリア、中国東北部に共通な要素から成り立っている。

北海道と本土域はともに旧北区に含まれるが、2つの地域の哺乳類相は顕著に異なっている。北海道の哺乳類相は周辺の大陸と共通する種で占められ、固有種と呼べるものはほとんどいないが、本土域には固有種が数多く見られる。なぜ、本土域には固有種が多いのか、中国大陸の哺乳類相と比較しながら、その成立の歴史を追ってみる。

◎陸橋の形成と哺乳類相の変遷

日本の哺乳類相の形成には、大陸からの動物の移動を可能にする陸橋形成が深く関わっている。陸橋の成立を証拠だてる有力な証拠がゾウ類の化石である。100万年前以降に 日本の本土域に生息していたゾウ類は、ムカシマンモスゾウ、トウヨウゾウ、ナウマンゾウの3種である。ムカシマンモスゾウの渡来時期の正確なところはまだわかっていないが、化石は115万〜62万年前の地層から産出している。トウヨウゾウの渡来時期は63万年前頃、ナウマンゾウは43万年前頃と推定されている。

前期更新世(約170万〜78万年前)の比較的温暖な気候下では南方アジアの動物群が北方まで分布を広げ、その一部が日本にも達していたが、寒暖が明瞭となる中期更新世(約78万〜13万年前)になると、中国大陸で北部と南部の哺乳類相の間に違いが見られるようになった。南部と北部の地理的な境界は、黄河と長江の間を東西に走る泰嶺山脈である。平均高度は2000ないし3600m。この山脈が中国の亜熱帯と温帯を分けている。日本の本土域の哺乳類相の原型形成に大きな影響を与えたのが、泰嶺山脈南部の万県《ワンシエン》動物群と泰嶺山脈北部の周口《チョウコウ》店《ティエン》動物群の2つの動物群である。万県動物群はジャワ原人と同時期の、周口店動物群はペキン原人と同時期の動物群である。

中期更新世の中国南部の哺乳類相は万県動物群に代表され、この動物群にはトウヨウゾウのほかにコバナテングザル、タケネズミ、ツキノワグマ、ジャイアントパンダ、バク、サイ、カズサジカ、キョン、カモシカなどが含まれる。万県動物群はジャイアントパンダ－ステゴドン動物群とも呼ばれる。日本からジャイアントパンダの化石が発見されても不思議はない。また、日本最古の人類はトウヨウゾウとともに63万年前頃の陸橋を渡った可能性が示唆されている。

一方、中国北部の動物群は北京近郊の周口店第1地点の動物群で代表され、ナウマンゾウのほかにマカカ属のサル、トラ、ヒョウ、ヤマネコ、ヒグマ、オオカミ、オオツノジカ、イノシシなどが含まれ、南部のものとは異なっていた。

中期更新世前半（約78万～40万年前）頃までは南部要素の万県動物群が卓越し、後半（40万年～13万年前）になると、北部要素の周口店動物群が優勢となっていったが、これら両地域の動物群に共通して言えることは、前期更新世（約170万～78万年前）にはまだかなり見られた第三紀型の古い属が見られなくなり、動物群のほとんどが現生属で構成されるようになったことである。しかし日本本土域には、シカマトガリネズミ属（絶滅属）、ヒミズ類（ヒメヒミズ属とヒミズ属）、ヤマネ属のような中国大陸には見られない、第三紀型ともいうべき古い哺乳類が温存され、中国大陸の哺乳類相とは異なる要素も含まれている。シカマトガリネズミは後期更新世のウルム氷期まで本土域に生存していた。

◎日本本土域の哺乳類相

日本本土域の哺乳類相（移入種と翼手類を除く）は、絶滅種を含めて13科35種から構成されている。このうち19種が固有種とされているので、実に半数が日本だけに見られる哺乳類である（p124参照）。固有性は食虫目や齧歯目のような中型以下の哺乳類に顕著である。食肉目には固有種は少なく、イタチだけが固有種と考えられている。

英国の哺乳類学者ゴードン・コーベットによれば、朝鮮半島南部に産するテンは人為分布と指摘されているから、この見解に従うならば、テンは本土域の固有種となる。現在、北海道に定着しているテンは本州からの移入種である。このほかにもカワネズミやカワウソも固有種と見る人もいるので、本土域の固有種数はさらに多いものとなる。

アカゲザル（ネパール、高橋大和）

ニホンザル（小田原市、頭本昭夫）

一方、本土域とは対照的に、北海道には固有種と言えるものはほとんどいない。北海道との共通種はジネズミ、ヒメネズミ、アカネズミ、キツネ、タヌキ、オオカミ、イイズナ、オコジョ、カワウソ、ニホンジカの10種である。ヒメネズミとアカネズミは本土域と共通する日本固有種である。

では、日本の哺乳類を代表するとも言える固有種は、どのようにして形成されたのであろうか。

ニホンザルやアカゲザルなどのサルの仲間をマカカ属という。ニホンザルはアカゲザルに類縁関係をもつと言われている(p102参照)。現在のアカゲザルは中国南部から東南アジアにかけて分布しているが、中期更新世の中国では、マカカ属のサルは現在よりもずっと北方まで分布していた。北京原人で有名な周口店第一地点からアカゲザル類似のマカカ属化石種が発見されており、中国北部のほかに朝鮮半島の数地点でも知られている。しかしマカカ属のサルは、後期更新世には中国南部に分布域を縮小させ、中国北部ではサルが見られなくなった。サル類のような南方系の動物が分布域を北緯40度ぐらいまで広げるのは、北方までが温暖な気候となる間氷期であり、反対に分布域を縮小するのは寒冷な気候となる氷期である。

大陸のサルの分布域は気候変化によって分断された。新しい種は分布域を拡大させる時ではなく、縮小する時に誕生すると考えられる。分布域が縮小しつつある場合、小集団はもともと連続的に生息していた主要集団の一部が分断され、孤立化することによって出来上がってくる。朝鮮半島を経由して本土域に移住できたサルたちは地理的に隔離され、固有化したものと考えられる。

◎神奈川の哺乳類相

神奈川県産の陸生哺乳類相(移入種と翼手類を除く)は、絶滅種も含めて13科29種から構成されている。このうち県内でもっとも種数の多い地域は丹沢山地である。神奈川全域の種数29種のうち１種、コウベモグラを欠くだけである。県内でコウベモグラが分布するのは箱根だけである。箱根仙石原の平らな地域に局所的に分布し、本種の太平洋側の東限地の一つとなっている。箱根地域は丹沢と比べて種数は20種と少ない。丹沢にいて箱根にいない哺乳類は、大型種ではツキノワグマ、ニホンジカ、ニホンカモシカの３種、小型種ではヒメヒミズ、ヤマネ、ホンドモモンガの３種である。シカについては1995年以降、箱根地域でも目撃されるようになり、現在では箱根山地の広範囲に分布するようになっている。

本州の哺乳類相とくらべてみると、本州に生息しているが神奈川県では欠如している種として、トガリネズミ科２種(アズミトガリネズミ、シントウトガリネズミ)、モグラ科２種(ミズラモグラ、サドモグラ)、ネズミ科１種(ヤチネズミ)、イタチ科１種(イイズナ)の計７種がある(日本本土域産陸生哺乳類一覧参照)。

神奈川県の最高峰は丹沢山地の蛭ヶ岳で標高は1700mに満たないため、亜高山や高山の環境を欠いている。このため、神奈川県に生息していない可能性のある種として、アズミトガリネズミ、シントウトガリネズミ、ヤチネズミ、イイズナが該当するものと考えられる。これらの種はいずれも北方系で、一般に寒冷な気候帯を選好する種である。過去に丹沢山地でオコジョが採集されているが、オコジョも高標高域・寒冷地の動物である。好適な環境が狭少で、もともと個体数の多い種ではなかったと思われ、現在生息している可能性は小さい。

サドモグラは佐渡島および対岸の越後平野にだけ分布する局所的な固有種である。特異な分布から推定して、このモグラが神奈川県から発見される可能性はきわめて低い。ミズラモグラは神奈川県欠如種のうちで発見される可能性がもっとも高い種である。タイプ標本の基産地は「横浜付近」とされているが、正確なところは不明である。

神奈川県欠如種は、ミズラモグラを除いて、すべて北方系である。好適な環境がないことにその原因を求めたが、四国の愛媛県では標高900mの地点でシントウトガリネズミが採集されている。ミズラモグラとともに、注意を払う必要のある種である。亜高山・高山的な環境を欠くことが、トガリネズミ類やヤチネズミなどの欠如を説明する十分な条件とはならないが、本州北部や本州中部の亜高山・高山に生活の根拠地をもつ北方系の種を欠くことが、神奈川の哺乳類相の特徴の一つと言えるだろう。

◎地史なき動物たち

生物を地理的に隔離するさまざまな障壁(バリア)は生物の進化をうながし、生物の多様性を高めるうえで欠かせない「舞台装置」である。日本本土域はその舞台として十分な機能を果たしてきた。大陸との接続時間は地質学的に言えば非常に短く、むしろ島として存在する時間が長かったと考えられている。

リス氷期と最終氷期の間氷期(約13万年～7万年前)に朝鮮海峡と津軽海峡が形成されたことで、本土域は大陸と北海道から分離され島嶼化した。最終氷期最寒冷期(約2万年前)にも、海峡は狭まったものの大陸とは接続せず、朝鮮海峡と津軽海峡は開いていたとされるのが近年の通説となっている。この考えによれば、日本本土域の陸生哺乳類は、大陸の哺乳類とは少なくとも十数万年間、またはそれ以上の長期にわたって遺伝的な交流が断たれていたことになる。それ故にニホンザルのように島嶼化によって新たな固有種が誕生し、またヒミズ類やヤマネのような古い固有種が温存されてきたのである。

しかし、ヒトは数万年におよぶかもしれない障壁を一瞬のうちに解除してしまった。タイワンザル、タイワンリス、ハクビシン、アライグマなどは、人に

キイロスズメバチの巣を襲うタイワンリス
（鎌倉市、清水順士）

よって一挙に障壁から解放された「地史なき動物」である。異なった生態系で進化してきた生物を、別の生態系に人為的に持ち込むことは、捕食、競合、交雑、新たな病原菌の伝播などを通して生態系全体を混乱させ、場合によっては在来の種を絶滅させる。

それだけではない。私たちは、これらの動物を日本列島に「人工的に隔離」したことで「新たな進化」を引き起こす舞台を彼らに提供したことになる。それがどのような結果を生むのか、予測不能である。

上からタヌキ（イヌ科）、アナグマ（イタチ科）、ハクビシン（東南アジア原産・ジャコウネコ科）、アライグマ（北アメリカ原産・アライグマ科）。分類は異なるが、体型・体サイズが互いに似ている（中村一恵）

■参考にした文献

阿部永『日本産哺乳類頭骨図説』北海道大学出版会　2000.

阿部永ほか『日本の哺乳類』東海大学出版会　1999.

阿部永・横畑泰志編『食虫類の自然史』比婆科学教育振興会　1998.

Corbet, G. P., 1978. *The Mammals of the Palaearctic Region: a taxonomic review.* British Museum (Natural History).

浜口哲一・平田寛重・山口喜盛・青木雄司「丹沢山地の哺乳類・爬虫類・両生類」−『丹沢大山自然環境総合調査報告書』p1-13　神奈川県　1997.
今泉吉典『日本哺乳動物図説(上)』新思潮社　1970.
石原龍雄『箱根の哺乳類』大涌谷自然科学館　箱根町　1991.
亀井節夫「氷河時代のけものたち−とくにニホンザルのきた道」−『モンキー 106』p5-12　日本モンキーセンター　1969.
河村善也「日本の第四紀哺乳類の生物地理−東アジアの哺乳動物の変遷と関連して」−『哺乳類科学 43・44』p99-100　日本哺乳類学会　1982.
河村善也「日本列島の哺乳類相の生いたち−大陸の動物相との関係」−『モンゴロイド 5』p24-27　文部省　1990.
河村善也「第四紀における日本列島への哺乳類の移動」−『第四紀研究 37巻3号』p251-257　日本第四紀学会　1998.
小西省吾・吉川周作「トウヨウゾウ・ナウマンゾウの日本列島への移入時期と陸橋形成」−『地球科学 53』p125-134　地学団体研究会　1999.
MaKenna, M.C. & S.K. Bell. *Classification of mammals above the species level.* Columbia University Press 1997.
中村一恵「神奈川県レッドデータ生物調査報告書・哺乳類」−『神奈川県立博物館研究報告書(自然科学) 7』p157-170　神奈川県立生命の星・地球博物館　1995.
樽野博幸「日本列島における後期更新世の哺乳類相と野尻湖発掘」−『野尻湖ナウマンゾウ博物館研究報告 5』p35-39　野尻湖ナウマンゾウ博物館　1997.
日本哺乳類学会編『レッドデータ　日本の哺乳類』文一総合出版　1997.
盛和林・大泰司紀之・陸厚基『中国の野生哺乳動物』中国林業出版社　2000.

◆日本本土域産陸生哺乳類一覧（翼手目を除く）

	科　名	和　名	本土	神奈川	固有種
食虫目	トガリネズミ科	アズミトガリネズミ	○	－	E
		シントウトガリネズミ	○	－	E
		カワネズミ	○	○	E
		ジネズミ	○	○	
	モグラ科	ヒメヒミズ	○	○	E
		ヒミズ	○	○	E
		ミズラモグラ	○	－	E
		サドモグラ	○	－	E
		アズマモグラ	○	○	E
		コウベモグラ	○	○	
霊長目	オナガザル科	ニホンザル	○	○	E
ウサギ目	ウサギ科	ノウサギ	○	○	E
齧歯目	リス科	ニホンリス	○	○	E
		ホンドモモンガ	○	○	E
		ムササビ	○	○	E
	ヤマネ科	ヤマネ	○	○	E
	ネズミ科	スミスネズミ	○	○	E
		ヤチネズミ	○	－	E
		ハタネズミ	○	○	E
		カヤネズミ	○	○	
		ヒメネズミ	○	○	
		アカネズミ	○	○	
食肉目	クマ科	ツキノワグマ	○	○	
	イヌ科	キツネ	○	○	
		タヌキ	○	○	
		オオカミ	●	●	
	イタチ科	テン	○	○	
		イタチ	○	○	E
		オコジョ	○	●？	
		イイズナ	○	－	
		アナグマ	○	○	
		カワウソ	○？	●	
偶蹄目	イノシシ科	イノシシ	○	○	
	シカ科	ニホンジカ	○	○	
	ウシ科	ニホンカモシカ	○	○	E
			35種	29種	19種

本土：本州・四国・九州およびその属島。対馬を除く
●：絶滅種　E：本土域の固有種。分類は阿部（2000）による

◆神奈川県産哺乳類目録

目/科　名	和　名	学　名
食虫目		
ハリネズミ科	△ハリネズミ	*Erinaceus cf. europaeus*
トガリネズミ科	○カワネズミ	*Chimarrogale platycephala*
	ジネズミ	*Crocidura dsinezumi*
モグラ科	○ヒメヒミズ	*Dymecodon pilirostris*
	○ヒミズ	*Urotrichus talpoides*
	○アズマモグラ	*Mogera imaizumii*
	コウベモグラ	*Mogera wogura*
翼手目		
キクガシラコウモリ科	キクガシラコウモリ	*Rhinolophus ferrumequinum*
	○コキクガシラコウモリ	*Rhinolophus cornutus*
ヒナコウモリ科	モモジロコウモリ	*Myotis macrodactylus*
	アブラコウモリ	*Pipistrellus abramus*
	○モリアブラコウモリ	*Pipistrellus endoi*
	チチブコウモリ	*Barbastella leucomelas*
	ヤマコウモリ	*Nyctalus aviator*
	ヒナコウモリ	*Vespertilio superans*
	ユビナガコウモリ	*Miniopterus fuliginosus*
	テングコウモリ	*Murina leucogaster*
	コテングコウモリ	*Murina ussuriensis*
オヒキコウモリ科	オヒキコウモリ	*Tadarida insignis*
霊長目		
オナガザル科	○ニホンザル	*Macaca fuscata*
ウサギ目		
ウサギ科	○ノウサギ	*Lepus brachyurus*
齧歯目		
リス科	△タイワンリス	*Callosciurus erythraeus*
	○ニホンリス	*Sciurus lis*
	○ホンドモモンガ	*Pteromys momonga*
	○ムササビ	*Petaurista leucogenys*
ヤマネ科	○ヤマネ	*Glirulus japonicus*
ネズミ科	○スミスネズミ	*Eothenomys smithii*
	○ハタネズミ	*Microtus montebelli*
	カヤネズミ	*Micromys minutus*
	○ヒメネズミ	*Apodemus argenteus*
	○アカネズミ	*Apodemus speciosus*
	△ドブネズミ	*Rattus norvegicus*
	△クマネズミ	*Rattus rattus*

目/科 名	和 名	学 名
	△ハツカネズミ	*Mus musculus*
ヌートリア科	△ヌートリア	*Myocastor coypus*
食肉目		
クマ科	ツキノワグマ	*Ursus thibetanus*
アライグマ科	△アライグマ	*Procyon lotor*
イヌ科	キツネ	*Vulpes vulpes*
	タヌキ	*Nyctereutes procyonoides*
	△ノイヌ(イヌ)	*Canis familiaris*
	オオカミ	*Canis lupus*
イタチ科	テン	*Martes melampus*
	○イタチ	*Mustela itatsi*
	オコジョ	*Mustela erminea*
	アナグマ	*Meles meles*
	カワウソ	*Lutra lutra*
ジャコウネコ科	△ハクビシン	*Paguma larvata*
ネコ科	△ノネコ(イエネコ)	*Felis catus*
アザラシ科	アゴヒゲアザラシ	*Erignathus barbatus*
	ゴマフアザラシ	*Phoca largha*
アシカ科	アシカ	*Zalophus californianus*
	キタオットセイ	*Callorhinus ursinus*
偶蹄目		
イノシシ科	イノシシ	*Sus scrofa*
シカ科	ニホンジカ	*Cervus nippon*
ウシ科	○ニホンカモシカ	*Naemorhedus crispus*
クジラ目		
マイルカ科	ハンドウイルカ	*Tursiops truncatus*
	スジイルカ	*Stenella coeruleoalba*
	セミイルカ	*Lissodelphis borealis*
	マイルカ	*Delphinus delphis*
	マダライルカ	*Stenella attenuata*
	カマイルカ	*Lagenorhynchus obliquidens*
	カズハゴンドウ	*Peponocephala electra*
	ユメゴンドウ	*Feresa attenuata*
	ハナゴンドウ	*Grampus griseus*
	コビレゴンドウ	*Globicephala macrorhynchus*
ネズミイルカ科	イシイルカ	*Phocoenoides dalli*
	スナメリ	*Neophocaena phocaenoides*
アカボウクジラ科	ツチクジラ	*Berardius bairdii*
	イチョウハクジラ	*Mesoplodon ginkgodens*
	アカボウクジラ	*Ziphius cavirostris*
マッコウクジラ科	マッコウクジラ	*Pyseter catodon*

目/科　名	和　名	学　名
	コマッコウ	*Kogia breviceps*
	オガワコマッコウ	*Kogia simus*
ナガスクジラ科	ミンククジラ	*Balaenoptera acutorostrata*
	ザトウクジラ	*Megaptera novaeangliae*
コククジラ科	コククジラ	*Eschrichtius robustus*

○：日本固有種　△：移入種

◆東京湾および相模湾における鯨類のストランディング・レコード

毎年のように日本の沿岸では、港内や河川等の本来の生息域ではない水域に鯨類が迷入してきたり、定置網などで混獲されたり、あるいは海岸に打ち上がったり漂着したりする。生死に関わらず、こうした状態で目撃された鯨類の記録は「ストランディング・レコード」と呼ばれている。「ストランディング」とは、本来「岸に乗り上げる」とか「座礁」を意味した言葉である。

鯨種判定は3段階に区分されている。ここでは、そのうちのAランクとBランクに判定された記録を掲載した。Aは日本鯨類研究所職員が調査や写真等によって鯨種を判定したもの、Bは他の研究者が鯨種を判定したものである。表に示したのは、1957年から2001年までの間に神奈川県内の東京湾および相模湾における「ストランディング・レコード」で、6科21種が記録されている。

神奈川県内海生哺乳類ストランディングデータ

	相模湾	東京湾	相模湾/東京湾
ハンドウイルカ	●		
スジイルカ	●		
セミイルカ		●	
マイルカ	●	●●●	
マダライルカ	●	●	
カマイルカ	●●●●	●	●
カズハゴンドウ	●		
ユメゴンドウ	●		
ハナゴンドウ	●●●●●●●●●		
コビレゴンドウ	●		
イシイルカ		●	
スナメリ	●	●●●●	
ツチクジラ	●		
イチョウハクジラ	●●●		●
アカボウクジラ	●●●●●●●●●●●●		
マッコウクジラ	●●●●	●●●	
コマッコウ	●●●●	●	●
オガワコマッコウ	●		
ミンククジラ	●●●	●	
ザトウクジラ	●●		
コククジラ	●		
小計	19種52件	9種16件	3種3件
合計			21種71件

「日本鯨類研究所ストランディングデータベース011231」をもとに作成

アゴヒゲアザラシの「タマちゃん」（多摩川　2002年8月15日、青木雄司）

哺乳類の観察

青木雄司

野生動物を実際に見ると、ふつうでは味わえない感動を得ることができる。山を歩いていて偶然に出会えることもあるが、じっくりと観察するにはそれなりの心構えや準備が必要となる。野生動物を見るために何をやってもいいという訳ではない。人間はどんなに気をつけても自然に影響を与えてしまうので、できるだけ影響を小さくしなくてはいけない。「絶対に野生動物を見よう」と意気込まず、「見ることが出来れば幸運。だめならまた来ればいい」といった軽い気持ちが大切である。絶対に見ようとすれば、動物に悪影響を与えてでも見たくなってしまうからである。また、多くの地域では、冬季になると狩猟が始まるので、事前に期日と猟の範囲を役所などで調べる必要がある。

◎観察の秘訣

●観察会に参加する

野生動物の観察会が、民間または博物館・公民館・ビジターセンターなどの公的機関で行なわれるようになってきた。野生動物観察の基礎を学べるだけでなく、動物好きな仲間のネットワークを築くことが出来る。

●自分のフィールドをもつ

いつも出かけるフィールドをもつと、些細な変化に気がつくようになる。このことは、動物観察だけでなく自然を観察する基礎を体得することにもなる。

ムササビ観察会（秦野市、青木雄司）

●情報を収集する

情報を得ることは、野生動物の重要な鍵である。本を読んで調べるだけでなく、博物館・ビジターセンターなどを利用すると良い。また、地元の人と親しくなるのも一つである。生活の中で野生生物に接している人は、最新情報を持っているだけでなく、町に暮らす人と違った角度で動物を見ている。

観察道具　上左からバットディテクター、野帳、地図、ペン、下左から双眼鏡、懐中電灯、コンパス、ビニール袋

●夜の観察には下見をする

初めての場所に暗くなってから行っても、よくわからない。明るいうちに下見をする必要がある。野生動物に会える確率を高めるだけでなく、自分の安全を守ることにもつながる。

●記録する

日時・場所・種類・行動などは記録する習慣をつける。自分だけのためでなく、こうした情報の積み重ねが野生動物の学術的な基礎資料になる。

●観察の道具

双眼鏡・野帳・地図・コンパスが基本となる。観察時間帯や対象の種類によっては懐中電灯・望遠鏡・バットディテクター(p32参照)などが必要となる。

◎観察のマナー

●餌づけをしない

餌づけすると、野生動物を観察できる確率が高まる。しかし、自然の姿を観察するという野生動物ウォッチングの理念に反するものである。また、野生動物が人間の餌の味を覚えたり、人間に対する警戒心がうすれて農作物に被害を与えるという結果を招きかねない。

●ライトのあて方

夜行性の動物を観察するには懐中電灯を使わなければならない。人間でもライトをあてられると目がくらむように、野生動物にとっても少なからず影響を与えてしまう。できるだけ影響を小さくするために、赤いセロハンを発光部につけることが望ましい。赤い光は野生動物にとって、比較的影響の小さい色である。さらに、光の強い中心部を動物にあてるのではなく、周辺の弱い光をあてる配慮も必要である。

カヤネズミ生息環境観察会（大磯町、青木雄司）

●土地には持ち主がいる

田畑はもちろん、山にも土地所有者がいる。動物を探している姿は、他人には不審者に映ってしまう。可能であれば所有者の許可をとる。また、地元の人に会ったら挨拶をするなどの礼儀も必要である。

◎フィールドサインを探す

野生の哺乳類の姿を見かけることは滅多にない。しかし、ちょっと視点を変えて見ると、足跡、フン、食べ痕など、彼らが暮らしている証拠(フィールドサイン)が見つかる。それらから、そこにすんでいる哺乳類の種類、食べ物、抱えている問題などがわかってくる。証拠を見つけたら、じっくり観察する。証拠を残したのは誰なのか、ここで何をしていたのか、これから何をしようとしたのかなど、いろいろ推理できる。推理をするには、フィールドサインだけでなく、それを裏付ける知識を身につけなくてはいけない。また、地元の人から情報を得ることも大事なことである。

ツキノワグマ痕跡観察会。クマ棚の下で（大山、青木雄司）

①フン(まず人間のものと区別すること)－大きさ・量・色・形・中身・匂い

②足跡－指の数・形・大きさ・足跡の並び方

③食べ痕－何を・どのように・どこで

④その他の証拠－巣・爪痕・ぬた場・けもの道・角とぎ痕、など

●フンの中身を調べる

食べ物を知るということは、野生動物の生活を知るうえで重要なことである。その調べ方としては、食べているところを見る、食べた痕を探す、死体を解剖

するなどいくつか考えられる。ここでは、動物に与える影響が少なく、簡単にできる方法として、フンの分析を紹介する。ただし、野生動物は病気を持っている可能性があるので、素手で触らないようにする。

①野外で発見したフンをビニール袋に入れて持ち帰る。この時にフンをした種類を同定しておく。ビニール袋にデータ(いつ・どこで・種類の名前など)を記入する。すぐに分析しない場合には冷凍しておく。

②水を入れたインスタント麺などのカップなどを使って、フンをほぐす。

③ふるい・茶こしをつかって固形物を取り出す。

④固形物を種類ごとに分ける。完全に乾燥をさせると保存がきく。

⑤図鑑などで調べる。わからない場合には博物館などに相談する。

●足跡をとる

足跡を多く見ることによって、足跡の識別ができるようになるほか、どのくらいの数が生息しているのか、などがわかってくる。

【透明な板に足跡をうつす】

①足跡の上に透明な下敷きなどを置く。

②その上をマジックペンなどでなぞる。

【石膏で足型をとる】

①足跡の凹みや周りにある落ち葉などを取り除く。

②厚紙(カレンダーなどで)をホッチキスで

ゴミが混じっているタヌキのフン
(大磯町、青木雄司)

◆フンの中身を調べる

◆足跡をうつす

足型をとる（清川村、青木雄司）

とめて輪にしたものを足跡の周りの地面に押し込み、固定する。

③石膏（彫刻用）を入れたビニール袋に、クリーム状になるまで徐々に水を加える。ビニール袋を手で揉みながら水を入れるとよく混ざる。

④固定した厚紙の中に、厚さ1～2cmほど石膏を流し込む。指で触って、石膏が乾いたことを確認し（15～30分程）、石膏を持ち上げる。

⑤固まった石膏の型を取り外し、水で洗ってきれいにする。

◆足型をとる

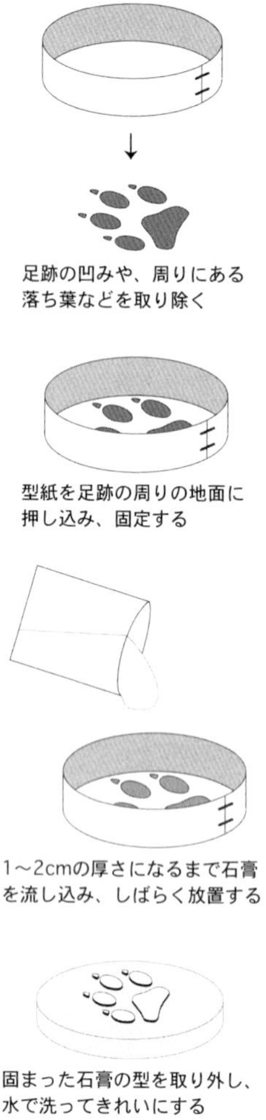
足跡の凹みや、周りにある
落ち葉などを取り除く
型紙を足跡の周りの地面に
押し込み、固定する
1～2cmの厚さになるまで石膏
を流し込み、しばらく放置する
固まった石膏の型を取り外し、
水で洗ってきれいにする

■参考にした文献

アニマルウオッチングの会『動物観察マップ　関東版』日経サイエンス　1997.

今泉忠明『新アニマルトラックハンドブック』自由国民社　1998.

日本自然保護協会編・監修『自然観察ハンドブック』思索社　1984.

◆フィールドサイン：フン

フンは動物の体調や食べ物によって形や大きさが異なるが、典型的なものを紹介する。

粒　状

ノウサギ
1㎝ほどの球を上下につぶした形

シカ・カモシカ
太さ1㎝ほどの俵型

ムササビ
直径5㎜ほどの球形

ネズミ類
太さ数㎜の細長い形

棒　状

太さ5ミリ前後

イタチ
動物の毛・羽・骨・節足動物の破片などが含まれる

太さ10ミリ前後

テン
植物の種子がよく混じる

太さ20～30ミリ前後

タヌキ
ため糞をする

キツネ
動物の毛が多く、先がとがる

アナグマ
掘った穴付近によく見られる。タヌキのフンと似ている

太さ30ミリ前後以上

ツキノワグマ
秋にはドングリの殻がよく混じり、軟便になる

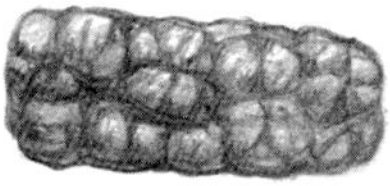

イノシシ
植物の繊維が混じる

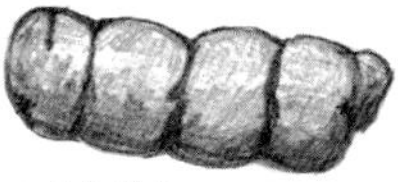

ニホンザル
冬には木の皮がよく混じる

◆フィールドサイン：足跡

足跡だけでは種類の特定ができないことがよくある。その場合、ほかに痕跡がないかを調べたり、その環境などを考えると、少しずつ種類が絞られてくる。

蹄がある	前後とも指が4本			
	前足・後足とも形・大きさがほぼ同じ			前後で大きさが異なる
シカ・カモシカ 両者の区別はできない	タヌキ	キツネ	イヌ	ノウサギ
 5×4㎝ 前足・後足とも形・大きさがほぼ同じ 地面の状態によって、イノシシのように副蹄がつくこともある	 3.5×3.5㎝ 全体的に丸みをおび梅の花状になる 足跡が2列に並ぶ 	 4.5×3.5㎝ 細長い形をしている 足跡がほぼ一列に並ぶ 	 品種により大きさが異なる キツネとの見分け  キツネ　イヌ 両側の指の前端を線で結んだ場合、他の2つの指がイヌでは線より下に出るが、キツネは出ない	 前 後 14×5㎝ 足跡の並び方で判断する  ↑ 進行方法   大きい跡：後足 小さい跡：前足
イノシシ			ネコ	
 ↑ 副蹄 7×5㎝ 前足・後足とも形・大きさがほぼ同じ			 爪の跡はつかない タヌキなどでも爪の跡がつかないことがあるので注意を要する	

※足跡は成獣・幼獣や地面の状態によって、大きさや形などが変わってくる。
※足跡の並び方も重要な要素になるが、歩くのと走るのとでは並び方も違ってくる。
※足跡は前足の跡と後足の跡がよく重なるので、見分ける時に注意をする。

前後とも指が5本				前の指が4本 後の指が5本
ニホンザル	イタチ	アナグマ	アライグマ	ニホンリス
 前  後 17×7cm	 前  後 2×2cm 前足・後足とも形・大きさがほぼ同じ	 前  後 6.5×5cm 前足・後足とも形・大きさがほぼ同じ	 前  後 10×6cm	 前　後 5×3cm 指の跡までつくことはほとんどない  進行方法 大きい跡：後足 小さい跡：前足
ツキノワグマ	テン		ハクビシン	アカネズミ
 前  後 17×7cm	 前  後 3.5×4.5cm 前足・後足とも形・大きさがほぼ同じ		 前  後 10×4cm	 前　後 2.5×0.7cm 指の跡までつくことはほとんどない 

足跡の大きさ：成獣の後足跡の長さ×幅を示している。

●主な参考文献

阿部永『日本産哺乳類頭骨図説』北海道大学図書刊行会　2000.

阿部永ほか『日本の哺乳類』東海大学出版会　1999.

阿部永ほか編『朝日動物百科 動物たちの地球 哺乳類Ⅰ』朝日新聞社　1994.

阿部永ほか編『朝日動物百科 動物たちの地球 哺乳類Ⅱ』朝日新聞社　1994.

Wilson, D.W. & F.R.Cole. *Common names of mammals of the world.* Smithsonian Institution Press 2000.

伊沢紘生・粕谷俊雄・川道武男編『日本動物百科　哺乳類Ⅱ』平凡社　1996.

今泉吉典『原色日本哺乳類図鑑』保育社　1960.

黒田長禮『原色日本哺乳類図説』三省堂　1940.

環境省野生生物課編『改訂　日本の絶滅のおそれのある野生生物－レッドデータブック 1 哺乳類』2002.

川道武男編『日本動物百科　哺乳類Ⅰ』平凡社　1996.

中村一恵「神奈川県レッドデータ生物調査報告書・哺乳類」－『神奈川県立博物館調査報告書（自然科学）7』p157-170　1995.

日本哺乳類学会編『レッドデータ 日本の哺乳類』文一総合出版　1997.

高槻成紀・粕谷俊雄編『哺乳類の生物学』全5巻　東京大学出版会　1998.

■神奈川県の哺乳類に関する参考文献

＊1996年以降に発表された主な文献を以下に示す。1995年までの文献は上記の「神奈川県レッドデータ生物調査報告書」に掲載してあるので参照いただきたい。

青木雄司「ホ乳類」－『大磯町史9　別編 自然』p313-335　大磯町　1996.

青木雄司「丹沢産アナグマ *Melas melas*の胃内容物」－『BINOS（日本野鳥の会神奈川支部研究年報）3』p53-54　日本野鳥の会神奈川支部　1996.

青木雄司「丹沢産ホンドモモンガの新知見」－『神奈川自然誌資料（17）』p77-80　神奈川県立生命の星・地球博物館　1996.

青木雄司「民家に住み着いたハクビシン *Paguma larvata*の糞内容物」－『BINOS（日本野鳥の会神奈川支部研究年報）3』p51-53　日本野鳥の会神奈川支部　1996.

青木雄司「厚木市荻野の哺乳類（第2報）」－『厚木市荻野の動物Ⅱ』p19-22　厚木市教育

委員会 1996.

青木雄司「大磯町におけるホンドタヌキの食性に関する知見」−『BINOS(日本野鳥の会神奈川支部研究年報) 4 』p93-94 日本野鳥の会神奈川支部 1997.

青木雄司「哺乳類」−『綾瀬市史 8(上) 別編 自然』p177-190 綾瀬市 2001.

青木雄司「相模原市で発見されたヤマコウモリのねぐらについて」−『神奈川自然誌資料(23)』p25-26 神奈川県立生命の星・地球博物館 2002.

藤田薫・東陽一・中里直幹・古南幸弘・大屋親雄「横浜自然観察の森における13年間にわたるタイワンリス *Calloscuirus erythraeus thaiwanensis*の個体数変化」−『BINOS(日本野鳥の会神奈川支部研究年報) 6 』p15-20 日本野鳥の会神奈川支部 1999.

古林賢恒編『丹沢自然ハンドブック』自由国民社 1997.

浜口哲一・平田寛重・山口喜盛・青木雄司「丹沢山地の哺乳類・爬虫類・両生類」−『丹沢大山自然環境総合調査報告書』p1-13 神奈川県 1997.

広谷彰「丹沢山地のニホンジカにおける角サイズの変化」−『神奈川県立博物館研究報告(自然科学)28』p57-62 神奈川県立生命の星・地球博物館 1999.

広谷浩子編「ニホンザルの今・昔・未来−野生動物との共存を考える」−『神奈川県立博物館調査報告(自然科学)10』神奈川県立生命の星・地球博物館 2000.

栗林弘樹・伊藤恵美「津久井郡藤野町で保護されたヤマネの記録」−『神奈川自然誌資料(22)』p29-30 神奈川県立生命の星・地球博物館 2001.

加藤千晴・中田利夫「横浜市及び三浦半島におけるニホンザルの目撃記録」−『神奈川県立自然保護センター報告 13』p95-99 神奈川県立自然保護センター 1996.

頭本昭夫・広谷浩子「ニホンザルがムササビを襲う」−『自然科学のとびら 8巻1号』p6 神奈川県立生命の星・地球博物館 2002.

中村一恵「神奈川県におけるハクビシンの生息状況(4)」−『神奈川県立自然保護センター報告 13』p41-45 神奈川県立自然保護センター 1996.

中村一恵「ニホンオオカミの分類に関する生物地理学的視点」−『神奈川県立博物館研究報告(自然科学)27』p49-60 神奈川県立生命の星・地球博物館 1998.

中村一恵「食肉目鰭脚亜目」−『千葉県の自然誌 本編 7 千葉県の動物 2 』p724-732 千葉県史料研究財団 2000.

篠原由紀子「タイワンリスに樹皮食いされた樹木」−『BINOS(日本野鳥の会神奈川支部研究年報) 6 』p21-26 日本野鳥の会神奈川支部 1999.

谷さやか・古林賢恒・羽太博樹・島村恵美「神奈川県立自然保護センターに保護されたムササビ(*Petaurita leucogenys*)の放獣試験」−『神奈川県立自然保護センター報告 17』p11-28 神奈川県立自然保護センター 2000.

手塚仁美・岸本真弓・山本芳郎「傷病鳥獣として保護され放逐されたタヌキの追跡調査－放逐に関する問題点」－『神奈川自然誌資料(20)』p23-29 神奈川県立生命の星・地球博物館 1999.

渡邊憲子・山口喜盛「丹沢山地札掛で拾得されたヤマネについて」－『神奈川県立自然保護センター報告 15』p17-20 神奈川県立自然保護センター 1998.

山本純栄・野上貞雄・伊藤啄也・酒井健夫「疥癬タヌキにおける抗ヒゼンダニ抗体の検出に関する研究」－『神奈川県立自然保護センター報告 17』p25-28 神奈川県立自然保護センター 2002.

山本祐治・内田品代・山根緑・木下あけみ・高橋小百合「川崎市におけるホンドタヌキ個体群の死亡状況と生命表(1992-1996)」－『川崎市青少年科学館紀要 9』p7-14 川崎市青少年科学館 1997.

山口喜盛「コウモリ用巣箱を利用した丹沢山地のニホンヤマネについて」－『平塚市博物館研究報告 自然と文化 22』p27-37 平塚市博物館 1999.

山口喜盛「山北町で保護されたアブラコウモリの飼育知見」－『神奈川県立自然保護センター報告 16』p43-48 神奈川県立自然保護センター 1999.

山口喜盛「神奈川県西丹沢で越冬したヒナコウモリ」－『コウモリ通信 8巻2号』p4-6 コウモリの会 2000.

山口喜盛「山北町における野生動物の交通事故死」－『神奈川自然誌資料(22)』p25-28 神奈川県立生命の星・地球博物館 2001.

山口喜盛「山北町の哺乳類」－『山北町史 別編 山北町の自然』p46-56 山北町 2002.

山口喜盛・中村道也・渡辺憲子「丹沢山地におけるニホンカモシカの生息状況」－『BINOS(日本野鳥の会神奈川支部研究年報) 5』p23-30 日本野鳥の会神奈川支部 1998.

山口喜盛・曽根正人・永田幸志・滝井暁子「丹沢山地におけるコウモリ類の生息状況」－『神奈川自然誌資料(23)』p19-24 神奈川県立生命の星・地球博物館 2002.

山口喜盛・曽根正人・相本大吾「電波発信機を用いたテングコウモリ *Murina leucogaster* の行動追跡」－『神奈川自然誌資料(23)』p15-18 神奈川県立生命の星・地球博物館 2002.

あとがき afterword

哺乳類の多くは夜行性であるからバード・ウォッチングのように簡単にはいかない。ましてやレンズに収めるのは至難の技である。本書に掲載した数々の生態写真等は、いわば筆者らのフィールド・ワークの成果であるが、これだけではやはり限界がある。動物写真家の中川雄三氏をはじめとして、以下の方々や関係機関の多大なご支援とご協力をいただいた。当館の職員の協力も得た。また、有隣堂出版部の山本友子さんのお世話になった。以上の皆さんに衷心より御礼申し上げる。

2002年10月

◆協力者／槐真史　一寸木肇　林公義　平田寛重　頭本昭夫　木村晃　北垣憲仁　小池昭夫　市川恵三　今泉吉晴　羽澄俊裕　石川創　伊藤和美　守屋町子　中村昭　大高成元　坂本堅五　清水順士　高橋大和　田代道彌（敬称略）

◆協力機関／愛媛県立とべ動物園　彦根城博物館　神奈川県自然環境保全センター　(財)日本鯨類研究所　日本霊長類学会　日本野鳥の会神奈川支部　横須賀市自然・人文博物館

●執筆者および執筆箇所（カラー頁）

青木雄司（神奈川県立宮ヶ瀬ビジターセンター）
（ウサギ目：ノウサギ、食肉目：キツネ・イタチ科全種、偶蹄目：ニホンジカ、神奈川から消えた哺乳類：カワウソ・オコジョ、野生化した家畜）

広谷浩子（神奈川県立生命の星・地球博物館）
（霊長目：ニホンザル）

石原龍雄（箱根町立森のふれあい館）
（食虫目全種、翼手目：キクガシラコウモリ・コキクガシラコウモリ・モモジロコウモリ・ユビナガコウモリ・ウサギコウモリ、偶蹄目：イノシシ）

中村一恵＊（神奈川県立生命の星・地球博物館）
（神奈川から消えた哺乳類：オオカミ・アシカ、移入された哺乳類：ヌートリア・ハリネズミ・アライグマ・ハクビシン・タイワンリス）

山口喜盛（神奈川県立丹沢湖ビジターセンター）
（翼手目：アブラコウモリ・モリアブラコウモリ・チチブコウモリ・ヤマコウモリ・ヒナコウモリ・テングコウモリ・コテングコウモリ・オヒキコウモリ、齧歯目全種、食肉目：ツキノワグマ・タヌキ、偶蹄目：ニホンカモシカ）

＊責任編集

かながわの自然図鑑③

哺乳類

2003年1月31日　初版第1刷発行

定価はカバーに表示してあります。

編　者　神奈川県立生命の星・地球博物館©
〒250-0031 神奈川県小田原市入生田499　電話0465-21-1515
発行者　松信　裕
発行所　株式会社　有隣堂
本　社　〒231-8623 横浜市中区伊勢佐木町1-4-1
出版部　〒244-8585 横浜市戸塚区品濃町881-16　電話045-825-5563
印刷所　図書印刷株式会社
装幀・レイアウト　小林しおり

2003 Printed in Japan ISBN4-89660-175-0